U0185818

计算机前沿技术丛书

低代码
开发实战

基于低代码平台构建企业级应用

葡萄城 / 组编

梁瑞 刘艺彬 宁伟 胡耀 / 编著

机械工业出版社
CHINA MACHINE PRESS

低代码开发平台是不写或者只写极少量代码即可实现业务功能的软件平台，可以助力企业快速完成数字化转型。本书循序渐进地讲述了数据库设计、UI 设计、业务逻辑处理、报表、权限等技术。本书共 8 章，以当下使用者最多的企业级低代码产品之一——活字格为例，内容包括概述、数据库设计、客户端页面设计实战、服务端逻辑设计实战、报表设计实战、配置权限、编码扩展与系统集成实战、低代码应用的部署。本书带有100 多分钟二维码视频讲解。

本书面向具备一定的软件开发基础的读者，适合所有对低代码开发平台或对元数据模型感兴趣的软件工程师及相关从业人员阅读。

图书在版编目（CIP）数据

低代码开发实战：基于低代码平台构建企业级应用 /葡萄城组编；梁瑞等编著 . — 北京：机械工业出版社，2022.4（2024.1 重印）
（计算机前沿技术丛书）
ISBN 978-7-111-70398-3

Ⅰ. ①低… Ⅱ. ①葡…②梁… Ⅲ. ①软件开发 Ⅳ. ①TP311.52

中国版本图书馆 CIP 数据核字（2022）第 046345 号

机械工业出版社（北京市百万庄大街 22 号 邮政编码 100037）
策划编辑：杨 源 责任编辑：杨 源
责任校对：徐红语 责任印制：李 昂
北京捷迅佳彩印刷有限公司印刷
2024 年 1 月第 1 版第 5 次印刷
184mm×240mm ·14.25 印张·294 千字
标准书号：ISBN 978-7-111-70398-3
定价：99.00 元

电话服务　　　　　　　　　网络服务
客服电话：010-88361066 机 工 官 网：www.cmpbook.com
　　　　　010-88379833 机 工 官 博：weibo.com/cmp1952
　　　　　010-68326294 金 书 网：www.golden-book.com
封底无防伪标均为盗版 机工教育服务网：www.cmpedu.com

序

PREFACE

低代码改变软件生产方式

最近十年来，低代码技术席卷全球。根据全球专业 IT 咨询机构 Gartner 的预测，到 2024 年，65% 的应用开发将使用低代码开发平台进行；Salesforce 面向全球大型企业的一份调查报告显示，2021 年 81% 的企业 IT 负责人希望利用低代码技术提升企业的数字化水平。在我国，无论是产业界、投资界，还是学术界，低代码都是热门领域。最近三年低代码的产业增长速度持续超过 50%，多家低代码企业获得数千万美元的融资，我在由中国计算机学会（CCF）主办的 2021 CCF 中国软件大会上演讲的《浅析低代码对软件产业的影响》成为受学术界关注的热点报告之一。

软件始于代码。回顾软件产业的发展历史可以看出，从 20 世纪 90 年代开始，代码开发先后经历了可视化、组件化和框架化三大技术变化，这些变化一方面降低了代码开发的工作量，另一方面也使得软件开发的一些最佳实践得以传承和复用。低代码技术则是这三大变化积累到一定程度的产物，是三大变化的集大成者。因此，低代码技术虽然是一种新的开发方式，但它是从高级语言开发演变而来的，是高级语言开发发展到一定阶段的必然产物。

低代码快速发展的背后原因，是企业数字化转型需求的不断增强和软件工程师的供给不足，而最近两年的疫情进一步加速了企业对各类在线系统和远程办公的需求。相较于传统的软件开发方式，低代码技术显著降低了软件开发的成本、缩短了软件项目的交付周期，同时有效降低了企业建设数字化平台的成本。

作为一种新的软件生产方式，低代码的迅速发展正对软件产业带来广泛而深入的影响：

（1）对于开发者来说，低代码作为一种全新的开发工具，有效提升了专业开发者效率，极大地扩大了开发者范围，使得没有受过专业编程训练，具备编码开发能力的"平民开发者"也能高效便捷地开发应用。

（2）对软件厂商来说，使用低代码开发工具可以节省掉大量对前端展示交互、服务端基本功能的代码工作量，使研发成本大幅降低，项目交付周期缩短。基础逻辑自动封装，无须测试，让质量管理更可控。

（3）对基于硬件系统集成或是基于软件代理的 IT 服务商来说，低代码可以充分利用现有技术人员，帮助其转型成为低代码开发者，为客户提供定制开发的软件系统或模块，打造其他的差异化竞争优势。

（4）对于企业客户来说，低代码平台可以帮助企业客户自主建设数字化的平台，精简沟通环节，加快定制化软件开发，真正打造出敏捷灵活、自主可控的企业级应用。

在低代码快速发展的形势下，IT 从业者该如何看待低代码？

低代码是非专业的玩具，只有不懂编码的人才用？活字格的第一位项目使用者是具有 10 年开发经验的专业开发人员。活字格目前的使用人群中，虽然不乏项目实施人员、企业 IT 管理者、运营主管、销售主管等各种角色，但也有超过 40% 的使用者是专业的软件开发工程师和项目经理。

固守纯代码开发，觉得低代码做不了复杂应用？在葡萄城和中国软件网共同举办的 2021 企业级应用大赛中，获奖的 20 个作品全部是复杂、大型的企业级应用，例如获得"应用创新奖"的轴承行业数字化智造系统包含了 ERP、MES、WMS 和设备联网等多模块，覆盖了销售、采购、仓库、计划、生产、财务等全流程功能，集车间扫码领料、扫码上工、扫码报工、物料扫码流转、物料扫码出入库、电子看板、异常管控、设备维修保养、设备联网于一体，已应用于数十家轴承企业。

活字格能同时受到专业开发者和平民开发者的青睐，是因为活字格不仅提供了方便的拖拉拽操作、丰富的控件库和开放的插件机制，而且实现了对高级语言本身的可视化，达到与高级语言同等的能力。例如，活字格的服务端命令已完成了对企业软件中涉及的应用场景的全覆盖，如语言层面的输入输出参数、流程控制（顺序、选择、循环）、异常处理、调用、返回，以及应用底层的数据访问（CRUD）、事务控制、日志和更高层次的文件操作、WebAPI 调用等。

学习低代码，才能受益于低代码。本书详细阐述了基于当下流行的活字格低代码开发平台如何快速进行软件开发。对于有软件开发经验的人，可以很容易地理解在低代码开发过程中，如何从数据层到逻辑层，再到 UI 层的开发顺序，体验到新技术事半功倍的乐趣；也可以基于活字格的扩展能力发挥你的编码优势，让你有如虎添翼般的感受。

对于非开发背景的人来说，这本书不仅配备了大量的图片和表格，还给出了详细的开发步骤，只需跟着这本书逐步学习，就可以从编码小白修炼成低代码开发大师，自主开发个性化的应用。另外，这本书还精心设计了多处章节作业，让读者边学边做，及时巩固所学知识。

纸上得来终觉浅，绝知此事要躬行。真心希望你从这本书开始，深入了解低代码这项新技术，并让低代码助你百尺竿头更进一步！

倪爱军

西安葡萄城软件有限公司总经理

前　言

PREFACE

低代码是当下非常火的一个名词。

低代码技术能够帮助软件研发人员进一步提升软件开发效率，缩短项目交付周期，降低软件开发成本，同时也可以赋能业务人员针对特定应用场景自主搭建特定软件系统。业务人员和 IT 技术人员需要解决的应用场景在广度和深度上有很大差异，对低代码开发平台的需求也不尽相同。

本书的编著团队从 2016 年就从事低代码培训工作，已指导数万名学员落地低代码项目，本书是他们对低代码的理解以及多年培训工作的经验总结。

本书以当下使用者最多的企业级低代码产品活字格为例，共 8 章，内容包括概述、数据库设计、客户端页面设计实战、服务端逻辑设计实战、报表设计实战、配置权限、编码扩展与系统集成实战、低代码应用的部署。

第 1 章重点介绍了企业级应用的开发模式，以及与传统代码相比，低代码技术的发展和应用。

第 2 ~ 4 章系统介绍了低代码平台在数据库、页面、业务逻辑等方面的实际应用，从基本概念到实际应用做了细致的描述。

第 5 ~ 6 章详细介绍了报表在实际开发中的应用技巧，以及低代码平台在数据、页面、UI 元素等多方面权限配置的应用。

第 7 章介绍了低代码平台的扩展性以及与其他第三方服务的扩展方式。

第 8 章通过实际操作介绍了如何部署应用，以及如何对已发布的应用进行备份和还原。

本书将传统软件开发过程同低代码技术结合，从数据层到逻辑层，再到 UI 层，系统讲解了低代码开发技术。书中不仅配备了大量的图片和表格，给出了详细的应用开发步骤，还在多处预留了章节作业，让读者边学边做，加速低代码知识的学习。

CONTENTS 目录

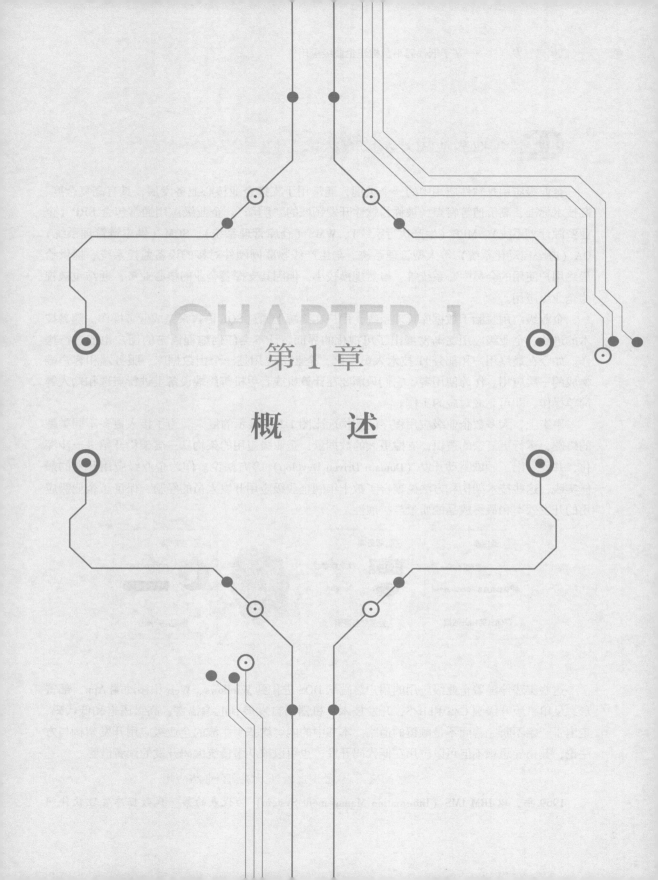

第 1 章

概　述

1.1 企业级应用开发的方法论

企业级应用是软件应用中的一个类别，通常用于支撑企业核心业务发展，具有高复杂度、高技术标准、高价值等特点，被称为软件开发领域的"明珠"。企业级应用通常包含 ERP（企业资源计划系统）、MES（生产执行系统）、WMS（仓库管理系统）、SCM（供应链管理系统）OA（办公自动化系统）等大型管理系统。与生产线物联网硬件对接的设备监控系统、提供给最终用户使用的会员中心系统等，虽然规模较小，但因其支撑着企业的核心业务，通常也被视为企业级应用。

企业级应用脱胎于数据库管理系统，用户在终端上通过 SQL 语言来完成业务操作。随着技术的进步，企业级应用逐渐发展出了可视化的界面，让不会任何编程语言的用户也能进行操作。如今在最终用户和部分 IT 技术人员看来，企业级应用是一个由数据库、服务端和客户端构成的三层应用。作为使用者，它们只需要在计算机或者手机等终端设备上进行点选和输入等简单操作，即可完成对应的工作。

事实上，大多数企业级应用程序的架构远比图 1-1 中展示的复杂。为了接入更多不同类型的终端，运行更复杂的逻辑，支撑更大的数据量，企业级应用的架构从三层架构开始进一步深化，并发展出了领域驱动开发（Domain Driven Develop）等方法论。作为企业级应用开发的最佳实践，这些技术架构和方法论聚合了数十年间企业级应用开发人员的经验，保证了企业级应用的开发效率和最终成品的质量与扩展性。

● 图 1-1

这些实践伴随着企业级应用的用户终端从 DOS 进化到 Windows、Web 和移动端 App，部署形态从单机版升级到 C/S 和 B/S，开发技术从机器语言发展到汇编语言、高级语言和低代码，走出了一条不断完善而不是颠覆的道路。本书中的内容均基于主流的企业级应用开发架构与方法论，其指导思想不但可以应用在低代码开发，也可以被从事传统编码开发的读者借鉴。

扩展阅读： 从数据库管理系统到企业级应用

1969 年，以 IBM IMS（Information Management System）为代表的第一代数据库管理软件问

世，数据库开始进入行业视野。1970 年末，关系型数据库和面向数据库编程的 SQL 语言相继问世，开发人员可以通过标准化的 SQL 语言对关系型数据库进行设计和操作。此后，数据库这个词就和企业信息化建立起了紧密的关联。在这个时代，企业级应用基本上等同于数据库应用。数据库应用的核心是运行在大型或中型计算机上的数据库管理软件。开发人员用数据库承载数据，用 SQL 语言编写操作逻辑。最终用户需要请开发人员在计算机上完成单据的创建、修改和查询等操作。

1980 年，以 IBM PC 为代表的个人计算机开始普及。随着计算机价格的迅速下降，计算机数量的增速远高于开发人员的培养速度。当无法为每台计算机配备开发人员时，企业期望开发人员能够为最终用户构建起独立于数据库管理软件的软件，将这些软件部署在企业的个人计算机上，让最终用户可以通过这些"廉价"的计算机，独自完成对单据的操作。这个阶段，开发人员在个人计算机上，使用当时火热的高级编程语言（如 C、BASIC 等）构建了操作界面和业务逻辑，将最终用户的操作"翻译"成对数据库进行操作的 SQL 语言。这些安装在个人计算机上，以命令行和简单图形界面的形式提供给最终用户使用的软件，就是企业级应用最初的样子。

葡萄城在 1983 年发布了其开发的第一款企业级应用 LeySer System。经过几十年迭代，该应用已经发展到 V9.0，界面如图 1-2 所示，客户超过 3000 家，在日本私立教育机构的管理软件市场占有率持续领先。本章节的作者，在 2005 到 2016 的 11 年中，作为 LeySer 开发团队成员参与了 V8.0 和 V8.5 的开发与架构设计，积累了大量软件开发和项目管理经验。

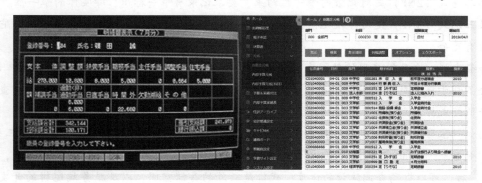

● 图 1-2

▶▶ 1.1.1　数据库开发

在引入计算机技术之前，现代的企业管理是围绕着各类纸质单据展开的，如财务部门的会计凭证、销售部门的客户订单、仓库部门的出库单、生产部门的报工单等。大部分日常的管理工作就是围绕着这些单据展开的。

进入软件时代后，单据变成了存储在数据库中的数据。以企业级应用中最常用的关系型数据库（如 MySQL、Oracle 等）为例，不同的单据类型对应了数据库中不同的表，单据上的信息项目即是数据表的列，每一张业务单据对应了数据表中的一条数据。于是，对单据的操作可以简单转化为对若干数据表的操作。

在实践中，开发者为了充分利用关系型数据库的优势，通常不会简单地将单据"翻译"成数据表，而是综合考虑业务单据（如出库单）、编码表（如科目对照表）等单据，基于数据库设计范式完成数据建模过程，即设计数据表（含数据字段、约束等）和表之间的关系。

扩展阅读： 适合企业级应用的数据库设计范式

数据库设计范式（Normal Form）是软件行业对数据库设计的经验总结，用来确保数据库简洁高效、结构清晰，不会因为插入、删除和更新等操作导致数据异常。如果不遵循范式来设计数据库，不仅会给服务端逻辑的开发人员制造不必要的麻烦，还可能因为存储了大量冗余信息导致效率低下。

数据库设计范式可分为六种类型，即 1NF～6NF，越高的范式代表数据库冗余越小，高级范式包含了低级范式的要求。不同类型的软件对数据库设计范式的要求不同，企业级应用的数据库设计通常需要满足 2NF 或 3NF。

对于初次接触数据库设计的开发者，可以通过下面的描述，通俗地理解 1NF～3NF：

第一范式（1NF）是对属性的原子性约束，要求属性具有原子性，不可再分解。

第二范式（2NF）是对记录的唯一性约束，要求记录有唯一标识，即实体的唯一性。

第三范式（3NF）是对字段冗余性的约束，即任何字段不能由其他字段派生出来，它要求字段没有冗余。

一般来说，企业级应用的数据库需满足 3NF 就行了。但是，满足第三范式的数据库设计，往往会不利于提升数据查询的性能。所以如今的企业级应用通常会为了提高数据库的查询效率，降低范式标准到 2NF，即适当增加冗余，达到"空间换时间"的目的。

例如一张存放商品订单的数据表中存在"金额"字段，表明该表的设计不满足第三范式，因为"金额"可以由"单价"乘以"数量"得到，说明"金额"是冗余字段。但是，增加"金额"后，可以提高查询统计的速度，代价是额外的存储空间，以及服务端逻辑的开发人员需要在每次插入或更新订单数据时，重新计算并写入准确的"金额"。

出自：技术解惑——数据库设计的那些事（含视频）https：//www.grapecity.com.cn/blogs/gc-database-design。

▶▶ 1.1.2　服务端逻辑开发

随着企业级应用的部署形态从单机版到 C/S 版再进化到 B/S 版，业务处理逻辑也被开发人员从数据库中剥离出来，分散放在数据库、客户端和服务端，最终形成了"前后端分离"的结构。其中，服务端凭借安全性和性能相对均衡的优势，是满足业务逻辑开发的"主战场"，运行着企业级应用的大多数业务操作。

　　从职责上看，企业级应用的服务端负责对接数据库和外部接口，以 Web API 的形式为客户端提供服务。这些服务是如何落地的？按照 Java 开发人员熟悉的做法，可以将服务细分为 4 类模块：服务、业务逻辑、数据访问和通用处理，如图 1-3 所示。无论采用传统编码还是低代码开发，开发人员通常不会从头开发通用性更强的服务、数据访问和通用处理，而是将精力集中在业务逻辑上。

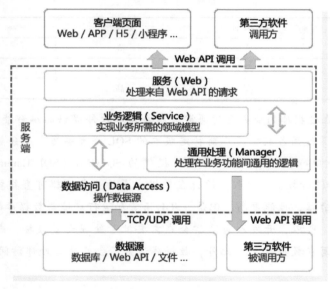

● 图 1-3

　　剥离了 Web 服务、数据访问和通用处理（如鉴权、日志、异常处理等）后，业务逻辑模块的设计变得更清晰。与数据库层不同，服务端的业务逻辑是面向业务而不是数据表的。下面以简化后的出库操作为例：在业务逻辑层，这个动作通常被表述为一个"仓库的出库行为"；而数据库层的表述则是"库存表的查询操作、更新操作，出库记录表的插入操作，订单记录表的更新操作，库存预警表的插入操作"等一系列动作。可以简单地将业务逻辑理解为按照特定的逻辑顺序，组合若干个数据库操作。开发实践中，业务逻辑也会涉及一些数据库之外的操作，如推送企业微信消息、发送邮件等，比上面的例子更加复杂一些。

　　开发人员在业务逻辑模块将"仓库的出库行为"开发完成后，可以利用服务端开发框架或低代码平台的能力，将其与服务模块、数据访问模块、通用处理模块进行组合，最终生成一个 Web API，供企业级应用的客户端和第三方软件调用，包含办公室中使用的 Web 站点；安装在 PDA 上，在库房使用的 Android 端 App；也包含智能仓库配套的后台软件。此外，开发人员在构建起其他业务逻辑时，也可以通过复用之前开发好的"仓库的出库行为"，减少开发工作量，提升整体的可维护性。

扩展阅读： 业务逻辑应该放在哪里实现

根据维护性、性能和安全性的要求，企业级应用的业务逻辑可分别运行在数据库、服务端和客户端三层（Layer），它们之间的对比如表 1-1 所示。开发人员可以根据不同的应用场景，选择合适的方式实现业务逻辑。

表 1-1　可运行业务逻辑的层的对比

指　标	数 据 库	服务端	客户端
维护性	低	高	高
性能	高	中	低
安全性	高	高	低

数据库：运行在数据库的业务逻辑通常基于数据库软件提供的编程能力（如存储过程、函数等）构建，通常使用各数据库厂商特定版本的 SQL 语言编写，部分数据库也提供其他编程语言选项，如 Microsoft SQL Server 2005 提供的 SQLCLR（SQL Common Language Runtime），支持使用 C#进行数据库编程。运行在数据库上的业务逻辑可直接操作数据库中的数据，无须与第三方通信，性能更高。但是，SQL 语言和运行环境与数据库的厂商和版本高度绑定，维护性较差。所以，开发人员通常会在需要批量处理大量数据，或者更快的响应速度时，将业务逻辑写在数据库层。此外，数据库通常不会开放给外部访问，安全性有保障，仅需处理注入攻击。

服务端：运行在服务端的业务逻辑可以采用主流的编程语言进行开发，如 C#、Java 等，维护性相较于数据库有明显的优势。虽然数据库都提供了高效率的 API，但是考虑到无法规避的数据传输，运行在服务端的业务逻辑性能与数据库层确实存在一定差距。在分布式架构和负载均衡技术等技术加持之下，维护性的优势一定程度上能够弥补性能的失分。理论上，运行在服务端的业务逻辑能满足绝大多数场景的性能要求。在安全方面，服务端依然运行在可控范围之内，开放给外部访问的都是带有安全认证和反注入校验能力的 API，安全性一样有保障。

客户端：客户端与服务端的网络连接通常是 Internet 或 Ethernet，网络带宽和延时都无法保证，这对"在客户端实现业务逻辑"的性能带来了不容忽视的风险。此外，客户端处在不可控的状态，安全风险较高，开发人员通常不会直接接受客户端传来的处理结果。所以，多数开发人员认为，只有必须利用客户端计算能力（如音视频处理）或者简单的界面交互场景，才会在客户端实现业务逻辑。

▶▶ 1.1.3　多终端交互开发

在进入 21 世纪之前，企业级应用的使用场景较为狭窄，运行环境比较单一，大多运行于办公室里的计算机中。随着移动互联网等技术的发展，软件产业开始触及更多人群，企业级应用也开始走出"办公室"，最终用户群体从企业内部渗透到其供应商、合作伙伴、客户，支撑企业运营的全流程。与之对应，在技术平台和架构上，传统的单机版、C/S 版（客户端/服务器端）逐渐被淘汰，取而代之的是部署更方便的 B/S 版（浏览器/服务器端，也称为 Web 版）和运行在各种智能手机上的 App 版。

不同类型的终端通常应用于不同的场景，不同类型的终端有不同的设计要求，而不是简单照搬。以移动端和 PC 端为例，相比于 PC 端较大的尺寸和以键盘鼠标为主的交互方式，移动端的屏幕尺寸较小，交互也以精确度偏低触摸为主。所以，在追求操作效率的企业级应用开发中，移动端中单一屏幕内显示的元素数量只有 PC 端的 1/3 甚至更低，PC 端一个页面可以实现功能，在移动端通常需要多个页面来实现。于是，开发者通常会针对 PC 和移动端开发相互独立的页面，以提供有针对性的布局和交互方式。对于某些具有特定能力的终端，比如 RFID 扫码枪、生产车间一体机等，开发者还需要将这些设备提供的能力集成到页面中，借助自动录入技术，减少人工操作。

▶▶ 1.1.4　软件工程

除了具体的开发技术，如何对企业级软件开发过程进行管理也是一个不容忽视的问题。软件工程主要研究软件的客观规律性，建立与系统化软件生产有关的概念、原则、方法、技术和工具，指导和支持软件系统的生产活动，以期达到降低软件成本、改进软件产品质量、提高软件生产率水平的目标。软件工程学从硬件工程和其他人类工程中吸收了许多成功的经验，明确提出了软件生命周期的模型，发展了许多软件开发与维护阶段适用的技术和方法，并应用于软件工程实践，取得良好的效果。

时至今日，软件工程已经成为软件从业者的必修课。遵循软件工程的原则和最佳实践，是中大型软件开发的"不二法门"。本书不会深入探讨软件工程相关内容，所以不再具体展开。

扩展阅读：　软件工程的诞生

1960 年，计算机刚投入实际使用时，软件设计往往只是为了一个特定的应用而在指定的计算机硬件上设计和编程，采用了与计算机硬件密切相关的机器语言或特定平台的汇编语言。软件的规模较小，决定了当时的开发人员很少采用系统化的开发方法，开发软件的过程基本上等于编制程序。一个人同时兼任设计者、开发者和使用者是当时的常态。随着高速计算机、通用操作系统和高级编程语言的出现，让计算机的应用范围迅速扩大。

与应用范围同步扩大的，还有软件的规模和复杂度。经历了"计算机应用大爆炸"的兴奋后，人们发现大量软件的开发陷入了僵局，和预期相去甚远。其典型表现可以归纳为如下几个方面：

- 软件开发进度难以预测。
- 软件开发成本难以控制。
- 用户对产品功能的要求难以满足。
- 软件质量无法保证。
- 软件产品难以维护。
- 软件缺少适当的文档材料。

上述问题在 1960 年就得到了业界的广泛关注。1968 年，图灵奖得主艾兹赫尔·韦伯·戴克斯特拉在德国召开的国际学术会议上，首次提出了软件危机（Software Crisis）的概念，认为现有的软件开发方法已经无法适应新的需求，并在随后的两年时间里连续召开两次会议，明确了改变软件生产方式，建立软件工程的理念。

1.2 低代码与传统开发

企业可以通过购买、实施成品行业软件的方式，拥有通用型的企业级应用；也可以采用定制开发的方式，用上为自身量身定做的个性化企业级应用。前者虽具有实施周期短、启动成本低等优势，但后者则可以通过提升软件与业务的匹配程度，为企业创造更大价值。

▶▶1.2.1 传统开发面临的挑战

随着信息化的深入，更多企业开启了定制开发企业级应用之旅。然而，在传统的软件开发方式下，只有受过专业训练的开发者，才能具备定制开发企业级应用的能力。程序员的供给不足成为限制企业信息化的主要瓶颈。

▶▶1.2.2 低代码技术的前世今生

为了缓解"程序员供给不足"的问题，软件行业在过去的几十年里做了很多尝试，以期降低软件开发的技术门槛，提升软件开发效率。其中最值得关注的当属"可视化"。

可视化开发的发展史可以追溯到从机器语言向汇编语言进化的时期。世界上第一台电子计算机面世时，开发人员只能靠拨动大量开关来设置计算机的处理方式。随后，手动的开关替换为可自动完成顺序读取的打孔纸带，就此机器语言诞生了。由 0 和 1 构成机器语言完全不具备可读性，计算机编程处在"不可视"的状态。随后，对内存的操作被封装成了若干指令，开发者可以通过这些指令和内存地址进行编程，汇编语言时代到来了。时至今日，汇编语言依然活跃在特定的软件领域。相比于机器语言，汇编语言可以相对清晰地展示程序运行的流程，可以说实现了基础的"可视化"。随后诞生的 C、Java 等高级语言大量引入自然语言中的单词和结构，为开发者提供了更易读、更易懂的编程体验。

随着 GUI（图形用户界面）的普及，软件开发技术迎来了一场从开发成果到开发工具的革命：开发者用图形化的开发工具，构建图形化的应用软件。以 Visual Basic 为代表的图形化开发工具，让程序开发者可以通过拖拽的方式快速构建应用程序的界面。在此基础上，开发平台厂商将软件开发所需的版本管理、调试、发布等功能集成到一个工具中，就产生了开发者熟知的集成开发环境（Integrated Development Environment，简称 IDE）。借助 IDE，开发者通过鼠标单击即可完成程序的调试和发布。另一方面，以 SQL Query Analyzer（Microsoft SQL Server 2000 的组件）为代表的图形化数据库管理工具，让数据库开发者和管理员能用可视化的方式编写数据库结构和脚本并进行调优。这些可视化技术的出现，进一步降低了软件开发的技术门槛，所见即所得的开发方式也大幅提升了软件的开发效率。

21 世纪的第一个十年中，可视化技术从前端界面设计开始，逐步渗透到了软件开发的方方面面。2014 年，为了描述这些覆盖软件开发全生命周期的软件开发技术，突出展示可视化技术为软件开发带来的革命性变化，知名研究机构 Forrester 提出了低代码（Low Code）的概念，用于描述那些可以支撑企业级应用开发的低代码产品。低代码是软件开发技术发展的必然产物，核心特征为可视化开发能力。2019 年，另一家知名研究机构 Gartner 在低代码的基础上提出了企业级低代码开发平台（Enterprise Low Code Application Platforms）。企业级低代码提供了与传统编码开发类似的技术架构和编程扩展能力，并在此基础上满足了企业核心业务系统所必需的性能、安全性、可用性和技术支持需求。目前，企业级低代码主要应用于企业核心业务系统开发和企业数字化平台建设中，用户群体包含企业 IT 部门和为企业提供信息化服务的软件公司。

截止 2021 年，低代码作为一个新生事物，业界对其的定义和观点仍然处在不断迭代的过程中。但是，这些争议并没有影响到低代码技术凭借更低的技术门槛、更高的开发效率，在企业级应用开发领域展现出相对于传统编码开发的显著优势，创新软件开发模式，加速企业信息化发展。

▶▶ 1.2.3　企业级低代码 vs 传统编码开发

相比于传统的软件开发方式，企业级低代码在开发团队组建、软件需求确认和开发人员成长领域都存在一定的差异。深入理解这些差异，对于主导从传统编码开发向低代码开发转型的技术决策者来说非常重要。

❶ 开发团队组建

传统编码开发使用的编程语言，学习曲线较陡。即便接受过系统的计算机或软件工程训练，开发者依然需要在实践中积累大量经验，才能真正投入企业核心业务系统开发。较高的技术门槛和较长的培养周期，导致软件开发人员的供给无法满足日益增长的软件定制开发需求。低代码技术的出现，凭借可视化的开发方式、开箱即用的组件和覆盖软件全生命周期的自动化能力，压低了软件开发的学习曲线斜率，一方面缩短了从学校到上岗的实训时间和因此带来的软件质量风险；另一方面让更多非计算机相关专业的毕业生加入软件开发行列。总之，低代码技术的出现，为企业级应用的开发团队提供了一个成本优化空间更大的选项。

❷ 软件需求确认

企业级应用，特别是企业核心业务应用的需求复杂度很高，而且因为绑定了运营流程，可调整的弹性也较低。为了避免返工，管理层应该让需求方尽早参与到软件开发过程中，甚至成为开发团队的成员，共同实现项目的开发和交付。然而，传统的编码开发模式下，业务逻辑通常是由专业开发者使用编程语言描述的，业务人员很难理解。而低代码技术的出现，让业务逻辑实现了可视化。只需要简单的培训，来自需求方的业务专家就能在低代码平台的可视化开发界面上，阅读和编写业务逻辑，和 IT 团队的专业开发者一起工作，快速确认需求，加速项目交付。

❸ 开发人员成长

与其他新技术一样，低代码技术的出现对现在从事传统编码的开发人员产生了一定的冲击。然而，低代码是软件开发技术发展的产物，在本质上和其他编程语言或工具没有差异。开发者之前所积累的业务抽象、逻辑控制、数据结构、系统架构、开发流程、项目管理等知识和经验，在低代码开发方式下一样可以得到充分发挥。与传统编码方式不同，低代码能把开发人员从重复性的"增删改查"中解放出来，让它们有时间研究先进的技术方向，将 AI、IoT 等新一代软硬件引入项目中；或者深入了解业务，成为业务领域的专家；再或者转型成为项目经理，管理和带领更多开发者。低代码让开发人员的成长有了更多的方向和可能。

1.3 开启低代码之旅

与传统编码开发方式不同，低代码开发可以分为可视化开发和编码扩展开发两部分。通常情况下，开发团队会优先使用可视化的方式完成功能开发和交付，仅在需要进行性能优化，或者对接通用型较差的第三方软件或智能硬件时，才会利用低代码平台的编程接口，进行扩展开发，如图 1-4 所示。

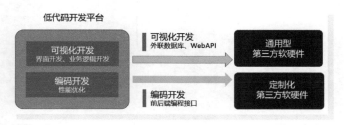

● 图 1-4

　　所以，本书将专注于可视化开发部分，以实战的方式，带领读者使用低代码技术，开发出具有一定实用性的库存管理系统，帮助读者从零开始，快速掌握低代码开发技能。

　　本书中使用到的低代码工具为葡萄城推出的活字格企业级低代码开发平台。活字格面向开发者免费，读者可以在葡萄城官网免费下载安装。同时，葡萄城还提供了完整的帮助文档、视频教程和互动式直播课程，可以作为本书的补充材料。如果在学习过程中遇到技术问题，读者还可以免费注册葡萄城技术社区（GCDN）账号，在社区中寻求帮助。

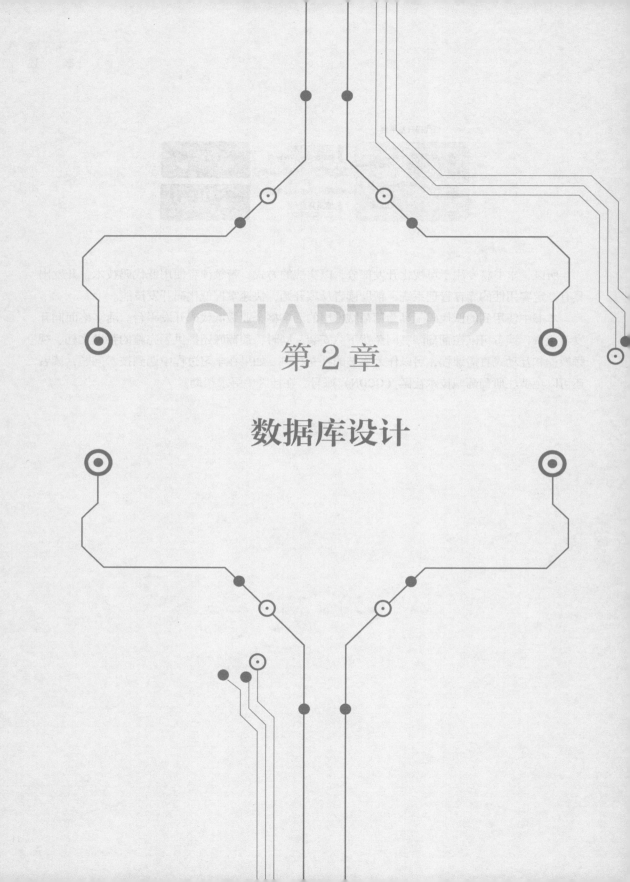

CHAPTER 2

第 2 章

数据库设计

数据库是应用系统非常重要的组成部分之一。本章将带着大家了解学习一些低代码平台中基础的数据库功能概念，并以一个简单的订单管理系统为例，介绍这些功能在低代码平台的实现方式。

2.1 字段与主键

字段和主键是数据库中最为基础并且非常重要的概念。本节将介绍它们的基本概念，同时学习在活字格中如何应用它们。

▶▶ 2.1.1 数据库字段类型

在活字格中，数据存储在数据表中。活字格中内置有 Sqlite 数据库，同时也支持外联第三方数据库，如 SQLServer、Mysql、Oracle 等。后续章节中，如未说明，则是以内建数据库为例进行介绍。

打开设计器，在左侧的对象管理器中，可以看到当前工程所有的数据表，如图 2-1 所示。

在活字格中创建数据表有两种方法：

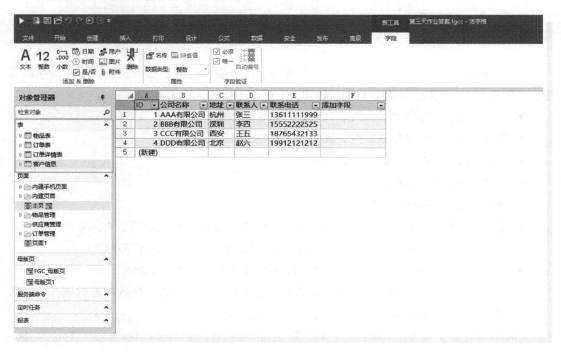

● 图 2-1

方法一：在功能区菜单中依次单击"创建"中的"表"命令，如图 2-2 所示。

方法二：也可以在表标签处使用右键单击菜单中的"创建表"命令，如图 2-3 所示。

● 图 2-2

● 图 2-3

在数据表中，每一行为一条记录，而每一列为一个字段。不同字段记录着数据的不同属性。图 2-4 是一张有 4 条记录、5 个字段的数据表。

	A	B	C	D	E	F
	ID	公司名称	地址	联系人	联系电话	添加字段
1	1	AAA有限公司	杭州	张三	13611111999	
2	2	BBB有限公司	深圳	李四	15552222525	
3	3	CCC有限公司	西安	王五	18765432133	
4	4	DDD有限公司	北京	赵六	19912121212	
5	(新建)					

● 图 2-4

对于不同的数据属性，通常需要选择不同的字段类型。在活字格中，提供了 9 种字段类型，分别是文本、整数、小数、日期、时间、是/否、用户、图片和附件。

- 文本字段：可存储文字、数字、字母、符号等数据。
- 整数字段：可存储整数类型的数据。
- 小数字段：可存储小数类型的数据。
- 日期字段：可存储日期数据。
- 时间字段：可存储时间数据。
- 是/否字段：常用于存储一些具有相对性的数据，这些数据在数据表中以 0 和 1 的形式存储，可设置其单元格格式，将其显示为如男/女、对/错、是/否等形式。
- 用户字段：用来存储用户信息，需要提前在用户账户管理平台创建。
- 图片字段：用来存储图片数据。通过图片上传方式上传到活字格数据库的图片，在数据库中图片实际存储为"GUID_文件名"，如图 2-5 所示。

而图片实际存于服务器的磁盘中，默认路径为"C：\Users\Public\Documents\ForguncyServer\应用名\Upload"目录中。如果需要，也可以自定义制定这个路径。

● 图 2-5

● 附件字段：用来存储附件数据。附件的存储方式和图片字段类似。在数据库中附件实际存储为"GUID_文件名"。多个文件之间用"Ⅰ"隔开，如图 2-6 所示。

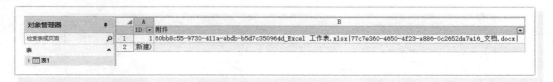

● 图 2-6

通过附件上传方式上传到活字格数据库的附件，默认保存在"C：\Users\Public\Documents\ForguncyServer\应用名\Upload"目录中。如果需要，也可以自定义这个路径。

▶▶2.1.2 字段类型的设置和修改

❶ 添加字段

在创建了数据表后，需要添加字段，以便记录数据。

在活字格中，可以通过以下两种方式添加字段。

方式一：

在数据表中，单击第一行最后一个单元格（内容为"添加字段"）的下拉按钮，在下拉列表中选择字段类型，如图 2-7 所示。

方式二：

双击打开要编辑的数据表，在功能区的菜单中选择"表工具"中的"字段"，单击某一字段类型的按钮即可，如图 2-8 所示。

❷ 修改字段

有时，需要对设置错误的字段类型进行修改。只要选中需要修改的字段，单击功能区菜单中的"表工具"中的"字段"，然后在数据类型下拉框中，选择正确的数据类型即可，如图2-9所示。

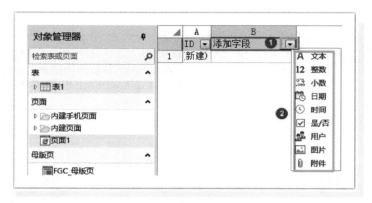

• 图 2-7

• 图 2-8

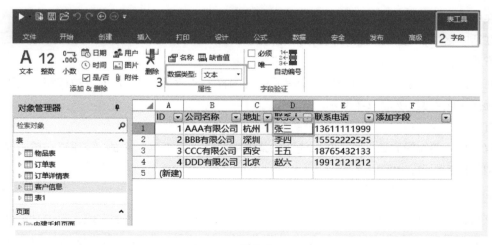

• 图 2-9

在系统已经投入使用并存有一些数据时，切换字段类型需要非常谨慎。比如将一个联系人字段（文本）切换成整数类型时，系统会依次弹出多个窗口进行提示，如图 2-10 和图 2-11 所示。

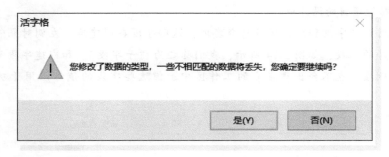

• 图 2-10

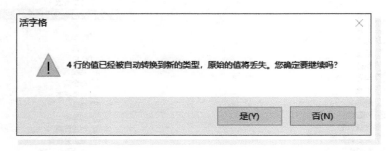

• 图 2-11

当全部单击"是"按钮后，原本的文本数据就会丢失，如图 2-12 所示。这是因为整数类型时无法存储文本内容，所以切换字段类型一定要谨慎。

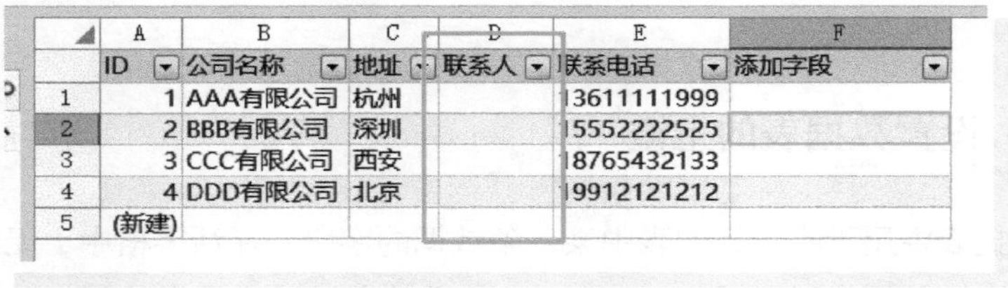

ID	公司名称	地址	联系人	联系电话	添加字段
1	AAA有限公司	杭州		13611111999	
2	BBB有限公司	深圳		15552222525	
3	CCC有限公司	西安		18765432133	
4	DDD有限公司	北京		19912121212	
(新建)					

• 图 2-12

❸ 删除字段

对于一些不需要的字段，可以单击功能区菜单中的"表工具"中的"字段"，然后单击"删除"即可。要注意的是，字段被删除后，该字段中的所有数据内容都将被清空，在有数据的数据表中需要谨慎操作。

注意:

在新建一个数据表后,左侧对象管理器中会自动产生一些额外的字段,如图 2-13 所示,我们称之为内建字段,这些字段不能被修改或删除,也不会出现在表的工作区中。但这些字段的值可以用于功能逻辑的设计中。

当尝试使用日期字段和用户字段时会发现,这些字段在创建后,左侧对象管理器中会自动产生一些额外的字段,如图 2-14 所示,我们称之为"子字段"。和内建字段类似,子字段不能被修改或删除,也不会出现在表的工作区中。但这些字段的值可以用于功能逻辑的设计中。

● 图 2-13

● 图 2-14

练习 1:请使用活字格创建一个订单表,用于记录每个订单的名称、类型、签订时间、期限和订单状态。

▶▶2.1.3 设置数据表的主键

主键是指数据表中用于唯一标识表中某一条数据的字段。在活字格中,无须手动创建并制定主键字段。在添加数据表时,系统都会自动为这张表创建一个命名为"ID"的主键字段。主键字段使用一个黄色的小钥匙图标进行标识,如图 2-15 所示。

如果使用的是外联数据表,那么在第三方数据库中设置的主键字段,在活字格中将自动识别出来并显示。

当用户添加记录时,ID 字段会自动生成记录的序列号。用户不能删除该字段,也不能修改该字段的值。

● 图 2-15

▶▶ 2.1.4 设置自动编号

当需要某一个字段按照一定的规则自动生成，而非人为赋值时，可以使用自动编号功能。

选中需要设置自动编号的字段，单击功能区菜单中的"表工具"中的"字段"，然后单击"自动编号"，如图 2-16 所示。

● 图 2-16

在"自动编号"对话框，勾选"开启"，就可以进行自动编号设置，如图 2-17 所示。

设置编号的组成部分。单击"新加"按钮，创建编号的组成类别及内容。

（1）编号组成：有 4 种编号组成类别可供选择，分别是固定文字、登录用户信息、日期、顺序号位数。

● 固定文字：设置的文字内容会直接出现在编号中。

● 登录用户信息：可选择登录用户的相关信息，如登录用户的名称、全名、角色及自定义属性。

- 日期：编号生成的时间，可指定其显示格式，如 yyyymmdd、yyyy 等。
- 顺序号位数：必须包含，且一个自动编号字段只能包含一个顺序号。顺序号从 1 开始，可以指定其位数，如指定位数为 3，则显示为 001。

● 图 2-17

（2）示例：根据已设置的编号组成生成编号的示例预览。

（3）生成时机：选择"填报时"，打开页面就会生成自动编号；选择"保存时"，则在保存记录时才生成。

（4）冲突处理：勾选此项后，如果编号已存在，则在保存时重新设置一个编号。

（5）废号重用模式：一般情况下，表中的编号都是连续的。如果删除了表中的记录，则会导致断号，被删除的记录中的编号也被称为废号。如果希望表中的编号一直保持连续，不因为删除记录而导致断号，则应该选择"重用"废号。这样，下一次生成编号时，会优先使用废号。

注意：只有字段类型为"文本"时，才能设置自动编号。

自动编号会默认勾选"必须"和"唯一"校验，如果该字段中本身有不符合规范的数据记录，开启自动编号将会失败。

练习 2：请在练习 1 的订单表基础上，插入一个订单编号字段，要求格式为 BH + 年份 + 顺序位数，如 BH2021001。

2.2 数据库约束

在这一节中，将介绍 4 种数据库约束，以及在活字格中是如何设置的。

▶▶ 2.2.1 唯一性约束设置

在上一节中，提到主键字段是用于唯一标识表中某一条数据的字段，是不会出现重复值的。但如果数据表中还有其他字段，也需要保持唯一性，这时可以开启该字段的唯一性校验。

在数据表中，可以针对任何字段进行唯一性约束设置。

只需要选中待设置唯一性约束的字段，在功能区的菜单栏中选择"表工具"中的"字段"，在字段验证区域勾选"唯一"即可，如图 2-18 所示。

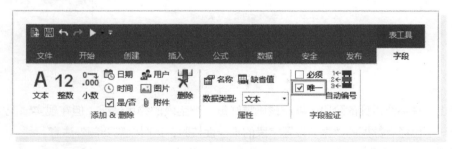

● 图 2-18

例如在客户信息表中，"联系电话"字段不应出现重复数据。那么只需要先单击"联系电话"字段，然后在"表工具"中的"字段"中勾选"唯一"就完成了设置，如图 2-19 所示。

如果在运行后的页面中，尝试添加已存在的"联系电话"，当提交数据时，会出现"更新数据库失败"的提示，如图 2-20 所示。

窗口内容提示唯一性约束出现异常。

这里看到的提示内容是由数据库直接返回的，所以看上去可能不那么直观。如果希望可以设置一个对于用户而言更加友好的提示，那么就需要对页面端的输入框进行唯一性校验设置。

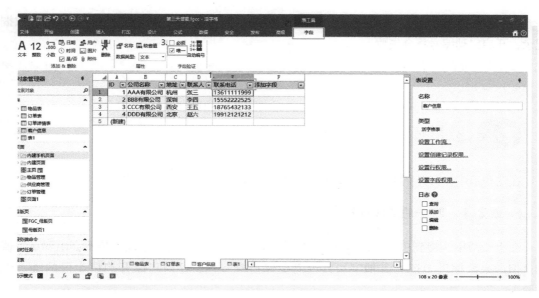

● 图 2-19

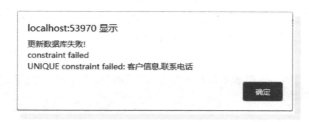

● 图 2-20

理论上，在系统设计的阶段，就应该确定好每一个字段的约束情况。但在现实情况中，偶尔也需要给一个已经有数据的数据表设置字段的唯一性校验，这时就需要额外注意。

这里用一个例子进行说明，如图 2-21 所示。

● 图 2-21

当尝试开启"联系电话"字段的唯一性校验时，设计器会弹出图 2-22 所示的提示窗口。

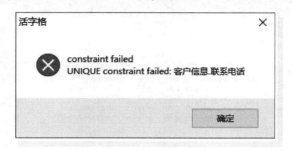

● 图 2-22

这是因为"联系电话"字段中本身存在重复数据，而此时却尝试开启这个字段的唯一性约束，这显然是矛盾的。所以在弹出这个窗口时，应该考虑开启这个字段的唯一性约束是否合理，或者先将数据表中的重复数据处理后，再进行唯一性约束的设置。

▶▶ 2.2.2 非空约束设置

除了"唯一性约束"，还有一种常见的约束条件是"非空约束"，通常也被称为"必须约束"。

在数据表中，可以针对任何字段进行"非空约束"的设置。

设置方式也和"唯一性约束"的设置方式类似，选中"非空约束"的字段，在功能区的菜单栏中选择"表工具"中的"字段"，在字段验证区域勾选"必须"即可，如图 2-23 所示。

● 图 2-23

例如在客户信息表中，要求每一位客户必须填写"联系电话"。那么在设计数据表时，就需要先单击"联系电话"字段，然后在"表工具"中的"字段"中勾选"必须"，如图 2-24 所示。

在运行后的页面中，如果试图提交一条没有填写"联系电话"字段的数据，会出现"更新数据库失败"的提示，如图 2-25 所示。

如果尝试给一个本身存在空数据的字段开启"非空约束"，设计器会弹出和"唯一性约束"类似的提示窗口，如图 2-26 所示。

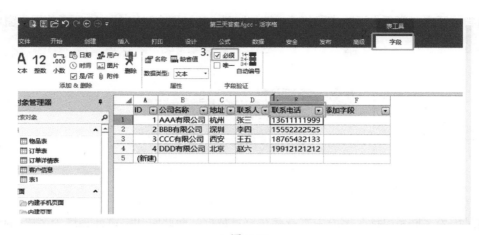

● 图 2-24

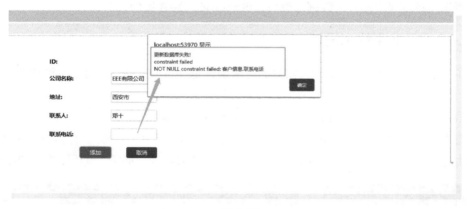

● 图 2-25

● 图 2-26

　　所以在弹出这个窗口时，应该考虑开启这个字段的"非空约束"是否合理，或者先将数据表中的空数据处理后，再进行唯一性约束的设置。

　　注意：在上一节中，介绍了自动编号功能。当开启自动编号时，会强制开启该字段的"唯一性约束"和"非空约束"。这时，如果这个字段本身存在相同或空数据，那么就会导致自动编号开启失败。

►► 2.2.3 默认值约束设置

在数据库中，还可以给字段设置缺省值，如图 2-27 所示。

● 图 2-27

当给字段设置了缺省值后，新增数据时，如果没有特别指定字段的内容，那么这个字段将会存入设置的缺省值。

例如在订单表中，将期限字段设置缺省值为"30"天，如图 2-28 所示。

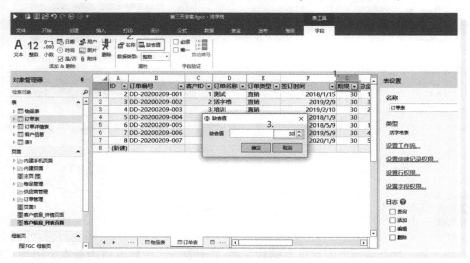

● 图 2-28

这时，如果在新增订单页面端没有填入期限字段的输入框，期限"30"天依旧会被填入字段中。

练习 3：接着之前的练习，尝试给订单表的"期限"字段设置默认值为 7 天。

注：讲到这里要注意，截至目前所讲解的内容都是在数据库层面的概念和操作。而真实的系统中还需要在页面层面去做一系列的设置，页面层面的设置用户交互会更友好，但是数据库层面的设置也是必不可少的。关于页面层面的设置，会在第 3 章进行重点介绍。

▶▶2.2.4 外键约束设置

在讲解外键约束前，需要了解一些新的概念，比如外键以及主子表。所以这一节中只简单了解一下，在活字格中外键约束的设置方式，涉及关于外键和主子表的概念，在下一节中会做详细介绍。

在活字格中，对于设置有外键的数据表，还可以进一步设置一些约束限制。活字格中提供了三种更新模式和三种删除模式，它们分别是：约束更新、置空更新、级联更新、约束删除、置空删除、级联删除。具体这些名词的概念，将在下一节中做详细介绍。

当需要设置外键约束时，只需要在设置外键时，单击弹窗左下角的"高级设置"，即可根据需要设置不同的更新或删除约束模式，如图 2-29 和图 2-30 所示。

● 图 2-29

● 图 2-30

2.3 外键与主子表

本章将了解一种非常重要的数据表结构关系-主子表，这种数据结构基本上出现在所有的数据结构模型中。

▶▶2.3.1 外键

外键是用于关联两个表数据的字段。比如有两张表：A 和 B，A 的主键是字段 c，B 中的记录需要和 A 中的记录相对应，于是 B 中存在字段 d 用来存储 c 字段的值，那么就把 d 叫作 B 的外键。

举一个实际的例子，来帮助理解外键的概念。依旧是熟悉的订单表，在订单表中需要保存每个订单所对应的客户信息。那么会得到如图 2-31 所示的一个数据表结构：

	A	B	C	D	E	F	G	H	
	ID	订单编号	公司名称	地址	联系人	联系电话	订单名称	订单类型	签订时间
1	2	DD-20200209-001	AAA有限公司	杭州	张三	13665423156	测试	直销	
2	3	DD-20200209-002	BBB有限公司	深圳	李四	15552222525	活字格	直销	
3	4	DD-20200209-003	CCC有限公司	西安	王五	18765432133	培训	直销	
4	5	DD-20200209-004	DDD有限公司	北京	赵六	19912121212	111	直销	
5	6	DD-20200209-005	CCC有限公司	西安	王五	18765432133	uu	直销	
6	7	DD-20200209-006	DDD有限公司	北京	赵六	19912121212	ce	直销	
7	8	DD-20200209-007	AAA有限公司	杭州	张三	13665423156	btbt	直销	
8	9	DD-20210903-001	BBB有限公司	深圳	李四	15552222525	订单E	直销	
9	10	DD-20210903-002	BBB有限公司	深圳	李四	15552222525	123123	直销	
10	(新建)								

● 图 2-31

其中公司名称、地址、联系人和联系电话 4 个字段会有很多重复的值。因为一个客户可能会对应着若干个订单，但是在这种数据表结构下，就需要不断重复记录这些客户信息数据，造成一定程度上的冗余。同时，如果有一个客户数据发生变化，把每一行记录都维护一遍的工作量是不敢想象的。

那么为了保证数据的完整性和一致性，可以借助外键来解决。

需要把之前的订单表拆分成两个表：一张客户表，一张订单表。

客户表的结构如图 2-32 所示。

ID	公司名称	地址	联系人	联系电话	添加字段
1	AAA有限公司	杭州	张三	13665423156	
2	BBB有限公司	深圳	李四	15552222525	
3	CCC有限公司	西安	王五	18765432133	
4	DDD有限公司	北京	赵六	19912121212	
(新建)					

● 图 2-32

优化后的订单表结构如图 2-33 所示。

将原本的多个客户信息字段单独维护在一张客户表中，而订单表中只保存客户表的主键字段 ID。这里的“客户 ID”字段就是订单表的外键。

	A	B	C	D	E	F	G	H	I
	ID	订单编号	客户ID	订单名称	订单类型	签订时间	期限	总金额	订单状态
1	2	DD-20200209-001	1	测试	直销	2018/1/15	30	10800	进行中
2	3	DD-20200209-002	2	活字格	直销	2019/2/9	30	30000	进行中
3	4	DD-20200209-003	3	培训	直销	2019/2/10	30	21600	进行中
4	5	DD-20200209-004	1	111	直销	2018/1/9	30	5000	进行中
5	6	DD-20200209-005	4	uu	直销	2018/5/9	30	17400	进行中
6	7	DD-20200209-006	2	ce	直销	2019/5/9	30	40000	进行中
7	8	DD-20200209-007	3	btbt	直销	2020/1/9	30	57400	进行中
8	9	DD-20210903-001	2	订单E	直销	2021/8/4	30	100	进行中
9	10	DD-20210903-002	2	123123	直销		30		进行中
10	(新建)						30		

● 图 2-33

虽然外键会带来一些优势，但是当下有很多开发人员已经不再使用数据库中自带的外键约束功能。因为外键约束会导致系统产生一些其他缺陷，比如：

（1）首先是性能问题，由于外键约束的存在，在修改数据时，数据库就需要根据外键关系，去查询更改后的数据是否满足外键约束限制。这样一来，就会一定程度上拖慢系统效率。

（2）其次是并发问题，由于外键约束的存在，每次修改数据都会在另一个表中进行检查，这时就会产生锁。当系统处于超高并发的场景下，外键约束会增加出现死锁的概率。

（3）最后，也是最直观的就是项目开发及测试时，都需要时刻考虑已经设置的外键约束，非常不方便。

所以对于这类约束需求，推荐直接在系统应用的功能逻辑中来进行限制，这样也会更加灵活。但是为了让开发者既能享受到外键的方便，又可以避免外键的负面影响，活字格提供了关联字段的设置。关联字段既可以达到外键相同的能力，又并非直接在数据库中设置外键，让开发者既能享受到外键的方便，又可以避免外键的负面影响。

所以在后续篇幅中提到的"外键"或"关联"均指的是活字格中提供的字段关联功能。

在活字格中，设置外键的方式很简单，只需要展开对象管理器中的 B 表，找到 B 表中存储 A 表主键字段 c 的 d 字段，使用鼠标右键单击这个字段，选择"设置关联字段"命令，如图 2-34 所示。

在示例中，A 表对应客户信息表；B 表对应订单表；c 字段对应客户信息表的 ID 字段；d 字段对应订单表的客户 ID 字段。

在弹出的对话框中，选择要关联的 A 表及 A 表中的主键字段 c，如图 2-35 所示。

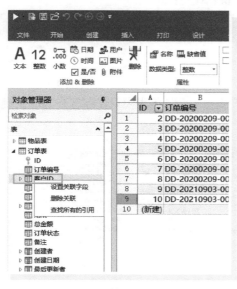

● 图 2-34

● 图 2-35

▶▶2.3.2 主子表

主子表，也称主从表，是一对父子表的关系，关系为一对多，即主表一条记录对应从表多条或一条记录。

在现实生活中，超市小票就是一个很好的主子表结构，如图 2-36 所示。

在这张小票上，可以看到关于这个销售订单的编号信息、顾客名称、消费总金额、消费日期、收银员以及多条商品的选购信息等。

其中，订单编号、顾客名称、总金额、消费日期、收银员这些信息一张小票只会对应一条，而商品的购买详情会对应多条。通常针对这类数据结构会创建两个表，一个作为主表，一个作为子表。主表用来存储订单编号、顾客名称、总金额、消费日期、收银员这些和订单一一对应的数据。子表用来存储多条商品的购买详情。同时，子表中会维护一个外键字段，用于存储能够唯一标识主表某一条信息的字段的值。

具体的数据表结构如图 2-37 所示。

● 图 2-36

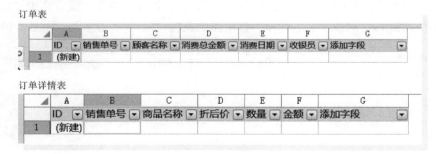

● 图 2-37

其中订单详情表中的销售单号就是一个外键字段。

在活字格中，设置主子表的方式有两种。下面将以订单表与订单详情表为例进行介绍。

方式一：直接创建主子表。

（1）创建主表，即订单表，如图 2-38 所示。

（2）在订单表上单击鼠标右键，在弹出的菜单中选择"添加子表"命令。生成的子表默认名称为"订单表_子表"，子表中会自动添加一个名称为"主表名称_ID"的字段，该字段即为子表的外键，与订单表的 ID 字段关联，如图 2-39 所示。

● 图 2-38

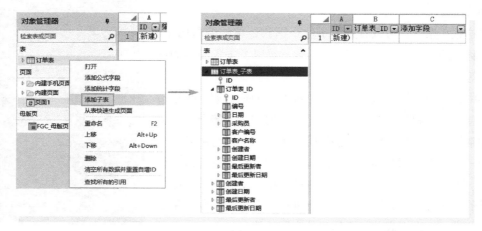

● 图 2-39

（3）使用鼠标右键单击"订单表_子表"，选择"重命名"命令，或者选中"订单表_子表"并按下快捷键 **F2**，修改子表名称为"订单详情表"，并添加所需字段，如图 **2-40** 所示。

● 图 2-40

（4）主子表设置完成后，在主表中会出现子表。在子表中，展开关联字段前的下拉三角，会出现主表的信息。双击子表"订单详情表"，就会打开该表，如图 **2-41** 所示。

方式二：通过设置关联字段，手动创建主子表。

这种方式虽然步骤会多一些，但是适用于更加灵活多变的场景。

（1）创建主表，如图 **2-42** 所示。

（2）手动创建子表，即订单详情表。"订单详情表"中需要有一个"订单表的编号"字段作为外键，来记录订单详情所属的订单表的编号，如图 **2-43** 所示。

● 图 2-41

● 图 2-42

● 图 2-43

（3）单击订单详情表左边的展开字段，在"订单表的编号"字段上单击鼠标右键，选择"设置关联字段"命令，如图 2-44 所示。

（4）在"关联字段设置"对话框中的"目标表"中选择"订单表"，在"目标字段"选择"编号"，并勾选"是否有子表关联"，如图 2-45 所示。

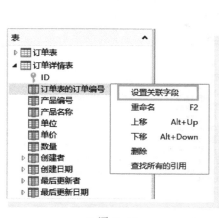

● 图 2-44　　　　　　　　　　　● 图 2-45

　　这一步和之前介绍的外键的设置方式类似，只是需要额外勾选"是否有子表关联"的选项。

　　了解了主子表后，再来回顾一下外键约束的概念。在上一章中，了解到在设置字段关联时，单击对话框中的"高级设置"，可以进行外键约束的设置。

　　外键约束包括更新约束和删除约束，分别如下：

　　约束更新：更新主表中的记录时，如果更新的为关联字段的值，且有对应的子表记录，则不允许更新，更新将失败。

　　置空更新：更新主表中的记录时，如果更新的为关联字段的值，且有对应的子表记录，则主表中的记录被更新，对应的子表不更新，但关联主表的字段的值将变为空。

　　级联更新：更新主表中的记录时，如果更新的为关联字段的值，且有对应的子表记录，则主表中的记录和对应的子表记录都将被更新。

　　约束删除：删除主表中的记录时，如果有对应的子表记录，则不允许删除，删除将失败。

　　置空删除：删除主表中的记录时，如果有对应的子表记录，则主表中的记录被删除，子表中的对应记录不删除，但关联主表的字段的值将变成空。

　　级联删除：删除主表中的记录时，如果有对应的子表记录，则主表中的记录被删除，子表中对应的记录也将被删除。

　　在开发系统的过程中，可以根据实际情况，按需选择设置。

▶▶ 2.3.3 　主子表关系和关联关系的区别

外键是关联两个表的字段，这两个表之间的关系有可能是一对一，也有可能是一对多。

关联关系通常指的是一对一的关系，比如前面举的客户信息表和订单表的示例，一个订单对应一个客户，那么订单和客户之间就是关联关系，如图 2-46 所示。

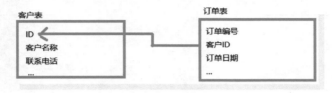

● 图 2-46

而主子表指的是一对多的关系，比如订单表和订单详情表，一条订单信息对应着多条订单详情信息，如图 2-47 所示。

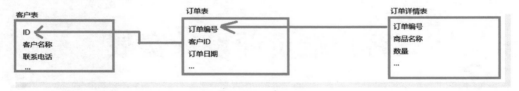

● 图 2-47

练习 1：在活字格设计器中，创建如图 2-48 所示的数据表结构，并要求当已包含在订单中的商品，不允许随意修改其商品编号。

练习 2：思考在图 2-48 的数据表结构中，哪些是关联关系，哪些是主子表关系。

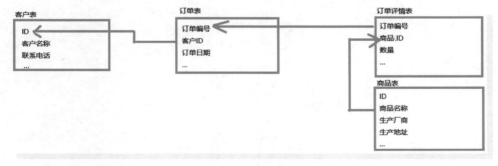

● 图 2-48

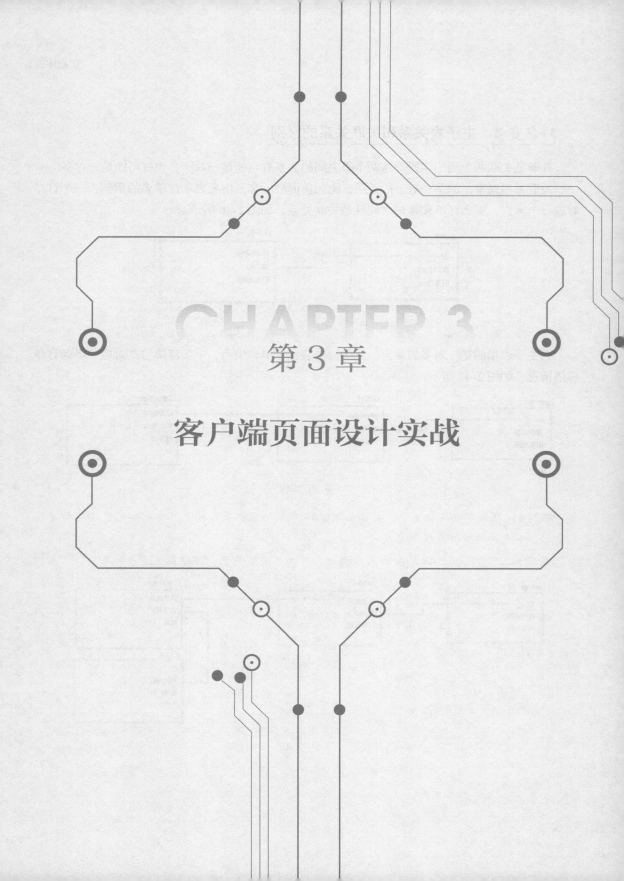

第 3 章

客户端页面设计实战

无论是哪种方式开发，页面都是信息化系统不可缺少的一环，所有功能都将在此部分直接展示给最终用户，可谓是信息管理的门面。

在此章，介绍如何使用低代码技术完成客户端页面的设计。

3.1 前置内容

对最终用户而言，一个应用系统似乎由多个页面组成，而每一个页面又有很多的组成元素，如文字描述、输入框、下拉选择框等。

下面从点到面来分析应用系统的界面组成。

图 3-1 是一个信息系统的界面。

● 图 3-1

在此界面中，会发现其中的内容大致可以概括为 3 部分：

第一部分：提示性文字。主要作用为提示用户，包括提示用户此页面的主旨（如"入库单"），提示用户应填写哪些内容（如"入库日期""供应商"等）；最典型的特征是"静态"，多数情况下不会被修改；

第二部分：输入型元素。主要作用为给用户提供输入媒介，如输入框、下拉框、表格等；

第三部分：触发器元素。主要作用为给用户提供交互能力，比如按钮、超链接等。单击以后页面会有相应的变化，比如跳转页面、导出页面等。

当然，这只是用户的主观感受，真实的页面其实是由非常多的元素和内容组成的，在本节中会系统地讲解这些内容。

3.2 创建页面

设计页面的第一步需要创建一个页面，以此来作为所有元素的载体。在低代码平台中，页面的创建非常简单。

在对象管理器的页面标签上，单击鼠标右键，选择"创建新页面"命令，即可创建一个空白页面，如图3-2所示。

● 图 3-2

空白的页面内有很多的小格子，如图3-3所示，这是为了方便后面设置页面元素时对齐和设置大小，这些格子不会在最终的页面上显示。

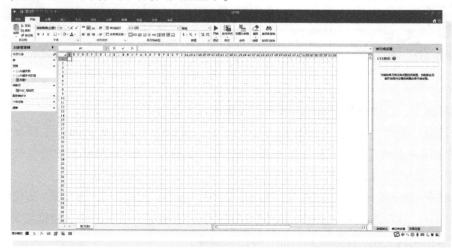

● 图 3-3

3.3 页面元素与布局

创建好了页面后，下面开始学习给页面设置元素和内容。

▶▶ 3.3.1 基础页面元素设置

在前面大致了解了页面中的元素组成，知道一个页面上会有提示性文字，输入型元素和触发器元素。

提示性文字设置：可以在任意的一个格子中，双击进入编辑状态，然后输入任何希望输入的文字，比如"你好，活字格！"，单击绿色的"开始"按钮或直接按下键盘上的 **F5** 键，就可以直接在浏览器中看到效果（首次，运行网页活字格会要求输入用户名和密码，这是为了方便权限设置，直接按照输入框下方提示的用户名、密码输入即可）如图 3-4 所示。

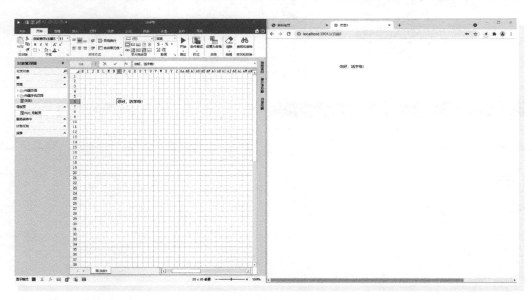

● 图 3-4

低代码开发就是这样，设计非常容易，但效果却非常震撼。

输入型元素设置：在页面上选择一片区域，然后在上方工具栏中选择输入框，活字格将在选择的区域中设置一个输入框，如图 3-5 所示。

按 **F5** 键后在浏览器中查看一下效果，可以在浏览器中看到文本框已经设置完毕，如图 **3-6** 所示。

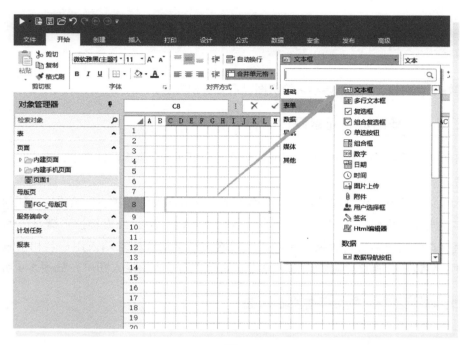

● 图 3-5

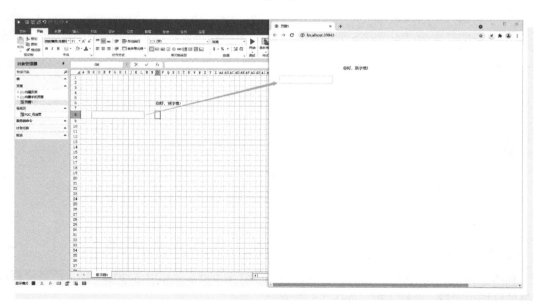

● 图 3-6

在文本框中还有很多的设置，表 3-1 对这些设置做了简要的说明：

表 3-1　简要说明

设　　置	说　　明
编辑命令	设置当值变化时执行的命令。只有当焦点离开文本框或按下 Enter 键时，新值才会提交，此时才会执行命令 📖 说明 命令将会在触发性元素中详细讲解
数据验证	设置文本框的数据验证
缺省值	设置默认显示的文本，例如缺省值为 A001，文本框会显示 A001 如果输入的是公式，则默认显示公式的结果
显示密码	勾选此项后，输入的字符会显示成 *
值唯一	勾选此项后，数据表进行更新或添加操作时，在文本框里输入的值不能与数据库中已有的值相同。只有文本框设置了数据绑定才起作用 📖 说明 如果文本框在表格中，则无此选项
水印	单元格中没有内容时显示的提示文字
图标	为文本框设置图标 单击"选择图片"，在弹出的"选择图片"对话框中设置图标，可以选择内置的图标，也可以选择本地图片 选择本地图片时，可以选择 .jpg/.jpeg/.png/gif/.ico.bmp/svg 格式的图片。当选择 .svg 格式的图片时，可以设置图片的颜色。单击 svg 图片右上角的 🖉 在弹出的"图片设置"对话框中，可以选择使用原始颜色、使用单元格字体颜色或使用自定义颜色

（续）

设　　置	说　　明
图标	选择内置图标时，还可以设置图标的颜色，勾选"使用单元格字体颜色"时，图标颜色与文本框单元格中的文字颜色相同 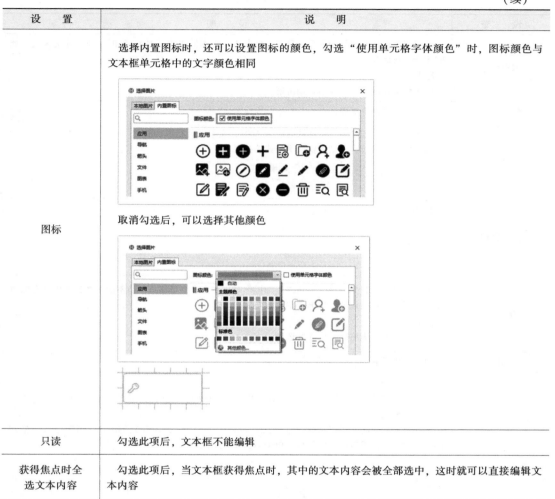 取消勾选后，可以选择其他颜色
只读	勾选此项后，文本框不能编辑
获得焦点时全选文本内容	勾选此项后，当文本框获得焦点时，其中的文本内容会被全部选中，这时就可以直接编辑文本内容

　　类似文本框类型的输入型元素还有多行文本框、复选框、组合复选框、单选按钮、组合框、数字输入框、日期输入框、时间输入框、用户选择框等，属性的设置方法相似。

　　触发器元素：触发性元素最典型的代表就是按钮，下面就以学习按钮为例，详细了解一下它们。

　　选择按钮，活字格会自动将所选区域设置成一个按钮；双击设计的按钮，进入编辑状态在按钮中输入"提交"，如图3-7所示。

　　按F5键后在浏览器中查看一下效果，可以在浏览器中看到文本框已经设置完毕，如图3-8所示。

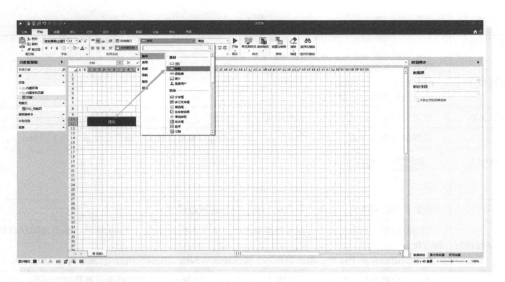

● 图 3-7

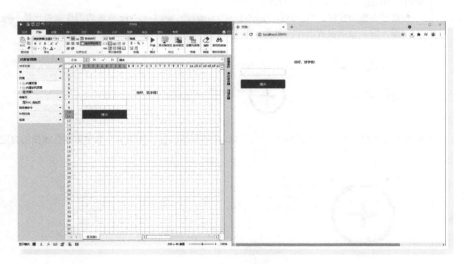

● 图 3-8

按钮中还有很多的设置，表 3-2 对这些设置做了简要的说明：

类似按钮这样的点击型元素还有超链接，图片显示框等。

其实将元素分为：提示性文字、输入型元素、触发器元素，乍看起来似乎不无道理，但实则经不起推敲。比如组合框有时候也会扮演触发器的角色。当选择特定的内容时，页面上部分内容需要被隐藏。因此在活字格低代码开发平台中，给这些元素统一了名称、单元格类型。

表 3-2

设 置	说 明
编辑命令	设置单击此按钮时执行的命令 📖 说明 命令的说明将后面的内容中
显示文本	设置按钮显示的文字内容，如显示文字为"提交"
禁用	设置是否禁用按钮。勾选"禁用"后，按钮不可以单击，且文字颜色会变灰，如下图所示 
不可见	设置是否隐藏按钮。勾选"不可见"后，按钮将被隐藏
按 Enter 键执行	在浏览器中，如果在某个可输入类型单元格（如文本框）中按下 Enter 键后，是否立即执行该按钮的命令 如果页面中有多个按钮，建议只在一个按钮设置中勾选"按回车执行"，或者都不勾选此项
图标	为按钮设置图标。单击"选择图片"，在弹出的"选择图片"对话框中选择按钮的图标，可以选择内置的图标，也可以选择本地图片 ● 选择本地图片时，可以选择 .jpg/.jpeg/.png/gif/.ico.bmp/svg 格式的图片。当选择 .svg 格式的图片时，可以设置图片的颜色。单击 svg 图片右上角的  在弹出的"图片设置"对话框中，可以选择使用原始颜色、使用单元格字体颜色或使用自定义颜色  ● 选择内置图标时，还可以设置图标的颜色，默认勾选"使用单元格字体颜色"，也就是图标颜色与按钮单元格中的文字颜色相同

（续）

设　置	说　明
图标	取消勾选后，可以选择其他颜色 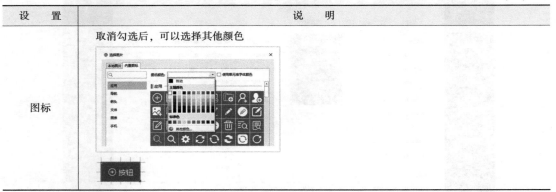

目前活字格支持的单元格类型包括：按钮、文本框、多行文本框、复选框、组合复选框、单选按钮、组合框、数字、日期、时间、图片、图片上传、附件、用户选择框、数据导航按钮、分页导航按钮、流程条、登录用户、条形码等。活字格对它们做了不同的分类，如图 3-9 所示。

● 图 3-9

▶▶ 3.3.2　选项卡与页面容器的设置

有了单元格类型，可以快速设置页面的元素。不过在真实的页面中，元素往往不能在页面上胡乱堆砌，往往需要将页面元素进行分组展示，或是将它们分类以后，变成页面的 tab 效果展示，如图 3-10 所示。

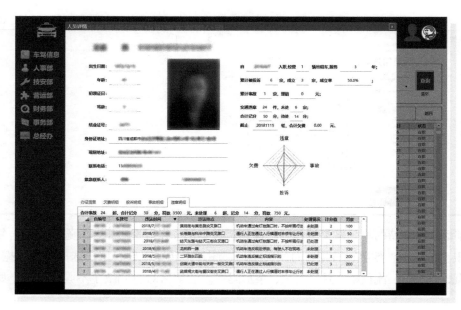

● 图 3-10

此时，很可能需要使用页面容器和选项卡，如图 3-11 所示。页面容器和选项卡单元格允许一个页面使用另一个页面作为子页面，以此来组成更加丰富的页面效果。

子页面溢出模式有三种：溢出、滚动和剪切。

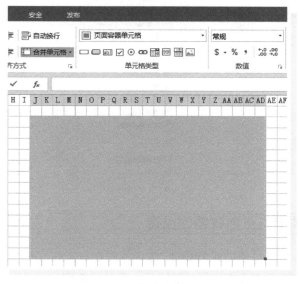

● 图 3-11

例如在父页面中设置页面容器为 7 行 7 列，边框设置为红色框线，子页面为 10 行 10 列。

溢出：页面容器会扩展至能够完全显示子页面。设置子页面溢出模式为"溢出"，如图 3-12 所示。

● 图 3-12

滚动：页面容器中出现滚动条。设置子页面溢出模式为"滚动"，如图 3-13 所示。

● 图 3-13

剪切：子页面超出页面容器的部分会被裁减，不显示出来。设置子页面溢出模式为"剪切"，如图 3-14 所示。

● 图 3-14

▶▶ 3.3.3 页面流式布局

有了前面的介绍，相信读者已能够开发很多页面形式；不过一个现代风格的页面还需要自适应布局等效果，这便是本节介绍的页面流式布局。

活字格的页面中行高、列宽有三种模式：固定模式、自适应模式和范围模式，通过设置行高、列宽的调节模式为自适应模式或范围模式，可使页面呈现流式布局，使页面的布局更加灵活。

默认为固定模式。固定模式下，设置行高、列宽为固定的大小，单位为像素。此种模式下，页面的布局是固定的。

下面会详细介绍如何使用自适应模式和范围模式，使页面呈现流式布局。

自适应模式下，页面会根据内容自动进行扩展。设置列宽为自适应模式，则宽度会自动扩展；设置行高为自适应模式，则高度会自动扩展。

以设置行高为自适应模式为例。

在页面中选择一个单元格区域设置为文本框，设置文本框自动换行，然后选择这个区域中的一行或多行，设置其行高。

单击鼠标右键，选择"行高"命令，就会弹出"列宽设置"对话框，选择"自适应模式"，如图 **3-15** 所示。

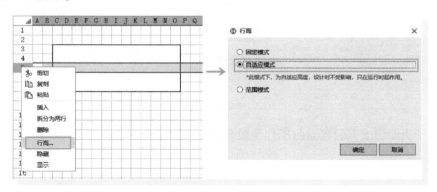

● 图 3-15

设置为自适应模式的行索引将变为红色，如图 **3-16** 所示。

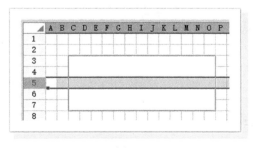

● 图 3-16

运行后，在文本框中输入内容，当内容的宽度超过了文本框的高度时，就会自动进行扩展，如图 3-17 所示。

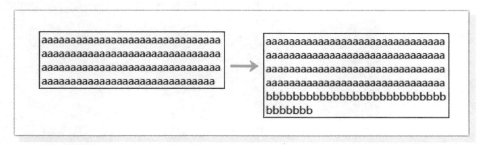

● 图 3-17

设置行高/列宽为范围模式，需要设置最小值和最大值。最小值的单位为像素，最大值的单位为像素或占比。

设置最大值为像素：如果页面有足够的空间，则行高/列宽会随着页面的增大平滑地增加，直到最大值。

设置最大值为占比：行高/列宽会占据页面所有的剩余空间，并且剩余空间会按照占比进行分配。

例如，设置 A 列的列宽为范围模式，最小值为 0 像素，最大值为 1 占比，如图 3-18 所示。

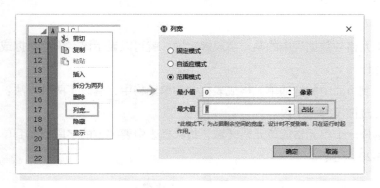

● 图 3-18

B 列列宽为默认的固定模式，20 像素。

设置 C 列列宽为范围模式，最小值为 0 像素，最大值为 3 占比。

设置为范围模式的列索引将变为黄色。

A 列和 C 列分别占整个页面剩余空间的 1/4 和 3/4，如图 3-19 所示。

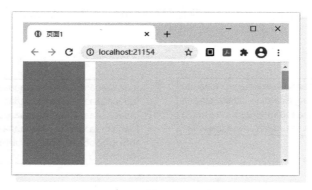

● 图 3-19

3.4 数据绑定与特殊数据突出显示

当创建好业务数据与页面后，需要将业务数据关联到页面上，即将数据表中的字段关联到页面上，这个过程称为数据绑定。

可以将数据表中的字段绑定到页面的单元格上，或表格的单元格中。

▶▶ 3.4.1 低代码显示和获取页面数据

❶ 绑定字段

当页面的单元格与数据表中的某一字段绑定后，就可以显示该字段的数据或对该字段进行添加、更新等操作。

将字段绑定到页面中的普通单元格或表格中的单元格中，有以下两种方法：

方法一：通过拖曳绑定字段。

在页面中选择一个单元格或单元格区域，将数据表中要绑定的字段拖曳到单元格或单元格区域中，如图 3-20 所示。

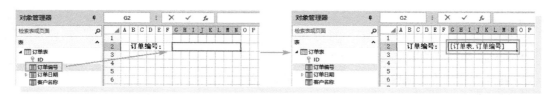

● 图 3-20

方法二：在属性设置区设置数据绑定。

在页面中选择一个单元格或单元格区域，在属性设置区的"数据绑定"中选择数据源及绑定字段，如图 3-21 所示。

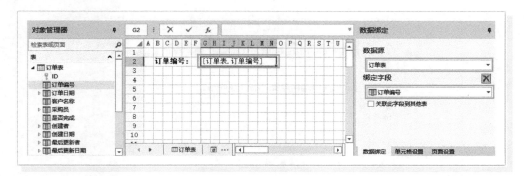

● 图 3-21

关联此字段到其他表。

如果绑定字段有关联字段，可以勾选"关联此字段到其他表"来进一步设置，通过字段的关联，使用其他表中的值。

例如在客户名称后的单元格中，设置其绑定字段为"订单表"中的"客户 ID"，并且勾选"关联此字段到其他表"，选择关联到"客户表"的"ID"字段，显示字段为"客户名称"，如图 3-22 所示。

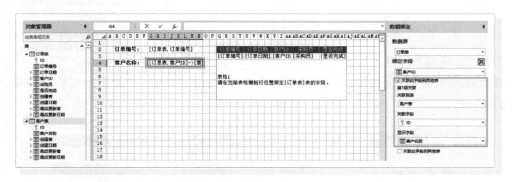

● 图 3-22

② 绑定表格

表格可以把数据表中的数据以列表的形式显示在浏览器中。表格还有选择当前操作记录的作用。

表格分为行头、列头、模板行和表格占位区，如下图所示。模板行单元格的宽度最终会作为表格数据列的宽度，因此可以修改模板行单元格的宽度或是合并单元格，以预留足够的空间来显示数据。

默认会使用表的字段名称作为表格中列头的标题内容。可以在列头行的单元格中修改列头的标题，如图 3-23 所示。

● 图 3-23

将数据表绑定到表格，有以下两种方法：

方法一：拖曳绑定表格。

在页面中选择一个单元格区域，将数据表拖曳到单元格区域中，如图 3-24 所示。

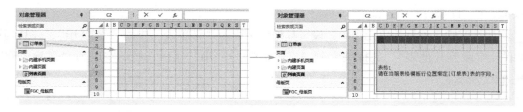

● 图 3-24

方法二：设置为表格。

在页面上选择一片区域，在功能区菜单中选择"开始"中的"设置为表格"命令，如图 3-25 所示。

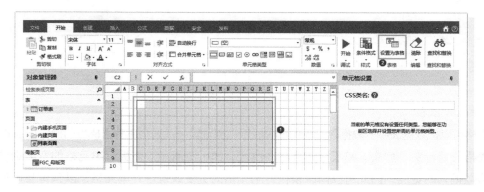

● 图 3-25

选择一个数据表，单击"确定"按钮，如图 3-26 所示。

● 图 3-26

选择完数据表后，数据表就被绑定到了表格中，如图 3-27 所示。

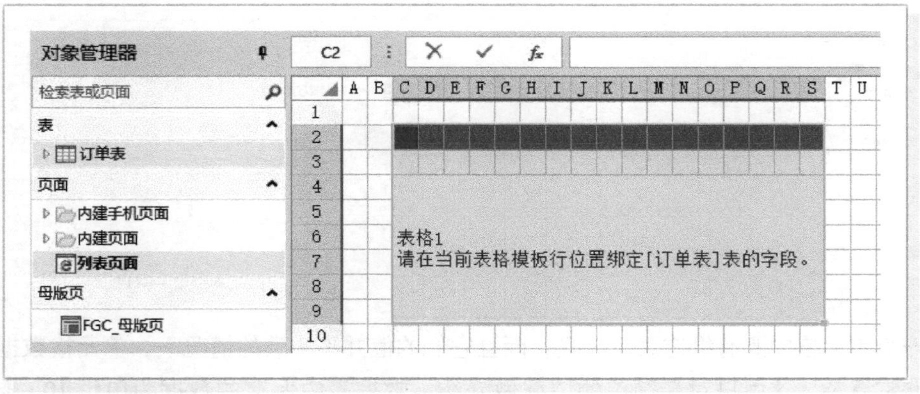

● 图 3-27

表格被绑定到所选区域中后，选择的区域为表格设计区域。表格设计区域的第二行为模板行，如图 3-28 所示，红色框区域即为模板行。

在表格的模板行中，需要绑定数据表中的字段，以显示数据表中的数据。也可以在模板行中设置单元格的单元格类型，部分单元格类型只在单元格处于编辑状态时有效。

将字段绑定到表格模板行的单元格中的方法与绑定字段类似，只是拖曳区域变成表格内部。

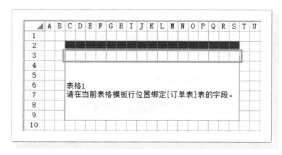

● 图 3-28

▶▶ 3.4.2 数据绑定的优先级

除了数据绑定，显示数据有时还需要通过计算得来，比如页面中有单价、数量，希望自动计算总价，如图 3-29 所示。

活字格支持直接使用 Excel 的公式来处理此类情况，如图 3-30 所示。

● 图 3-29

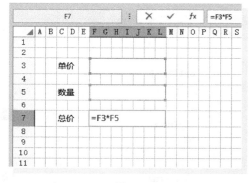

● 图 3-30

当一个单元格中既有绑定又有公式，而且它们的值并不一致的情况下，单元格数据的显示优先级非常复杂，这里只对最简单的情况做介绍。数据表中保存的数据为单价 10，数量 10，总价 99，并使用了以上的公式。

当进入添加页面时，公式将自动计算；

当进入修改页面时，公式将暂不计算，总价会显示为 99；

修改单价或数量以后，总价将根据公式重新计算。

▶▶ 3.4.3 条件格式

在实际业务场景中，经常需要按照一定的条件自动批量地给单元格或表格设置格式（包含颜色、字体、边框、填充等），例如不同任务状态、不同的成绩、不同的销量等。

使用条件格式可以帮助用户直观地查看和分析数据、发现关键问题，以及识别模式和趋势。采用条件格式易于达到以下效果：突出显示所关注的单元格或单元格区域；强调异常值；使用数据栏、颜色刻度和图标集直观地显示数据。

在活字格中，提供了与 Excel 相同的功能：条件格式，用户可为单元格或表格设置条件格式。

以给表格设置条件格式为例，选中表格的模板行或模板行中的一个单元格时，设置条件格式是给表格中的整列设置了条件格式。

选中需要设置条件格式的表格模板行中的单元格，在功能区菜单栏中选择"开始"中的"条件格式"。

可设置的条件格式非常多，比如突出显示单元格规则、项目选取规则数据条、数据条、色阶、图标集等，以数据条为例：

例如在订单详情表格中，选中模板行中的总金额单元格，为总金额这一列的单元格设置条件格式为"数据条"，选择一个渐变填充，如图 3-31 所示。

● 图 3-31

运行后，表格中总金额列的单元格被红色的渐变色填充，如图 3-32 所示。

订单编号	订单日期	客户名称	是否完成	总金额
A001	2019/1/1	国顶公司	是	19000
A002	2019/1/12	通恒机械	是	40000
A003	2019/1/23	森通	否	9000
A004	2019/2/2	光明产业	否	21000
A005	2019/2/17	迈多贸易	否	29000
A006	2019/2/25	祥通	是	8300
A007	2019/2/26	广通	否	5000

● 图 3-32

3.5 多终端的页面设置

最终用户在不同的设备中使用应用系统时，经常需要不同的页面体验设计。本节将一起学习不同终端页面的设置方式和技巧。

▶▶ 3.5.1 母版页设置

母版页用来设计共享部分的页面，可以给多个普通页面共享使用，例如可将导航栏设计在母版页中。使用母版页统一应用程序的外观。

母版页分为两种：手机母版页和普通母版页。普通页面只能应用普通母版页后，手机页面只能应用手机母版页。

当一个页面使用了母版页后，这个页面就成了母版页的子页面，它将出现在母版页的页面占位区。

在对象管理器的母版页标签上，单击鼠标右键，选择"创建新页面"命令，如图3-33所示。

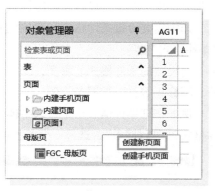

● 图 3-33

在弹出的"选择页面的模板"对话框中，选择一个母版页的模板，模板1的模板中设置有顶端通栏和垂直方向的菜单，模板2的模板中设置有顶端通栏和水平方向的菜单，模板3为空白模板，如图3-34所示。

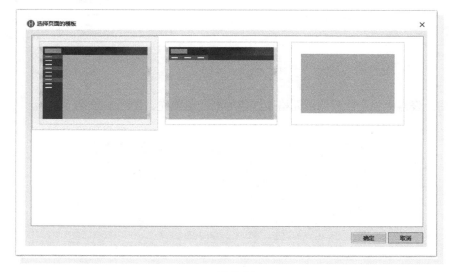

● 图 3-34

其中模板 1 和模板 2 会根据主题的不同而有所不同。

选择模板后，单击"确定"按钮，即可创建普通母版页。

母版页分为两部分：普通的单元格区域和页面占位区。可以在普通单元格区域设计导航栏等共享部分，页面占位区则用来切换显示普通页面。

可以调整页面占位区的大小，以显示普通页面。

打开母版页，选中页面占位区，在功能菜单栏中选择"页面占位区"中的"设计"中的"调整大小"，如图 3-35 所示。

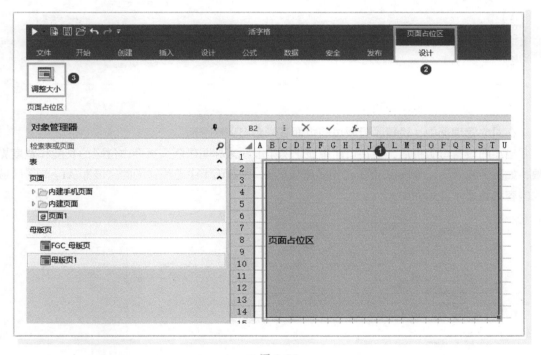

● 图 3-35

单击"调整大小"后，页面占位区将被蓝色的边框包围，拖动蓝色边框的四个角来调整大小和位置，如图 3-36 所示。

为普通页面或手机页面应用母版页，统一应用程序的外观。

选择页面，单击鼠标右键，选择"设置母版页"命令，在弹出的母版页列表中选择一个母版页即可应用，如图 3-37 所示。

普通页面只能应用普通母版页，手机页面只能应用手机母版页。

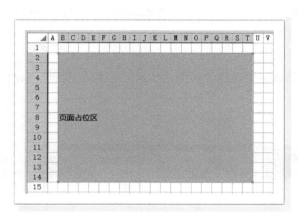

● 图 3-36　　　　　　　　　　　　● 图 3-37

在对象管理器中，设置了母版页的页面右侧会出现▤图标。

当页面设置母版页后，会在页面中显示两条虚线来标明母版页页面占位区的长度和宽度界限，如图 3-38 所示。例如页面 1 应用了母版页 1，则页面 1 中虚线包围的区域即 A1：S13 区域的内容都将显示在页面中。

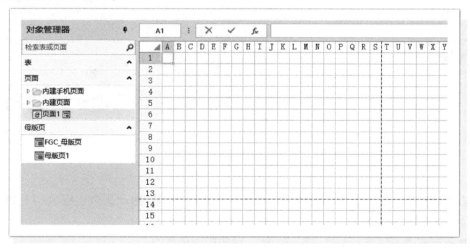

● 图 3-38

▶▶ 3.5.2　手机页面设置

手机页面指用于手机浏览器访问的页面。

创建用于手机浏览器访问的页面，方法：在对象管理器的页面标签上，单击鼠标右键，选择"创建手机页面"命令，如图 3-39 所示。

创建完成后，在快速访问栏中单击▶，在计算机浏览器中的手机模拟器中会显示创建好的手机页面。

当创建完手机页面后，可在属性设置区的"页面设置"中对页面进行设置。

在页面属性设置区的"页面设置"中，可对页面进行一系列设置。

行数：设定页面的行数，用于调整手机页面的高度。

列数：设定页面的列数，用于调整手机页面的宽度。

设置页面为应用的启动页，启动页面即网站的首页。在页面列表中，页面名加粗的页面即为启动页。

在属性设置区的"页面设置"中，勾选"设置为启动页面"，即可将页面设置为网站的首页，如图 3-40 所示。

● 图 3-39

● 图 3-40

3.6 页面交互与数据验证

有了单元格类型和前面学到的内容，可以快速开发出一个或者多个页面；但是这还不足以支持应用开发，因为这些页面都是独立静态的。本节将一起学习如何让页面动起来。

▶▶ 3.6.1 元素触发事件（命令）

为了让它们可以同最终用户产生交互，还需要一些其他能力，比如单击按钮以后，跳转到另一个页面，导出一个 Excel，或者发送一封邮件，这些能力在低代码中称为命令。在活字格中，命令是非常重要的功能，它用来执行业务，比如单击一个按钮进行页面跳转、弹出或是提交数据到数据库。

活字格命令包括：页面跳转、弹出页面、关闭弹出页面、数据表操作、导出表格到 Excel、导出页面到 Excel、打印/导出页面到 PDF、查询、排序、条件、记录跳转、弹出消息框、JavaScript 命令、邮件订阅命令、设置单元格属性、发送邮件命令、网页打印命令、循环命令、表格操作、下载文件、导入 Excel 数据到表格、存储过程调用命令、调用服务端命令、列选项命令、模板命令，如图 3-41 所示。

命令根据执行时机可分为两种：页面加载时命令、单元格命令。

页面加载时命令是在页面加载的同时执行的命令。

打开页面，在属性设置区中选择"页面设置"标签页，单击"编辑页面加载时命令"来设置命令，如图 3-42 所示。

● 图 3-41　　　　　　　　　　　　　● 图 3-42

单元格命令是在单击按钮、超链接和图像等类型的单元格时执行的命令。

除图片上传、附件、数据导航按钮、分页导航按钮、流程条、登录用户和条形码单元格类型外，其他的单元格类型设置完成后，均可以在属性设置区的"单元格设置"标签页中，选择"编辑命令"来设置命令，如图 3-43 所示，或单击鼠标右键，在菜单中选择"编辑命令"来设置命令，如图 3-44 所示。

● 图 3-44

● 图 3-43

▶▶3.6.2　多种命令组合实践

每一种命令都有自己特定的作用，比如页面跳转、条件、导出 Excel、数据操作等，具体的使用方法非常简单，比如页面跳转命令。

使用页面跳转命令在页面间实现页面跳转，通常在按钮、超链接等单元格类型中使用此命令，用来实现页面间的跳转。

在跳转命令中，需要设置跳转后的页面，内部页面和外部页面均可，如图 **3-45** 所示。

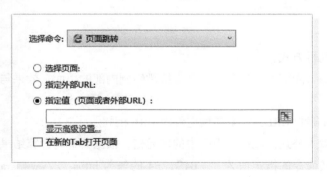

● 图 3-45

选择页面时，会列出应用中的所有页面，选择其中一个页面，执行命令后将会跳转到该页面。如果选择"＜新页面＞"，则关闭命令窗口后，会自动创建一个新页面，如图 3-46 所示。

跳转到外部的 URL，一般用于跳转至非本应用的页面，如 https：//www. grapecity. com. cn/solutions/huozige。

列表中会列出用户最近访问的 URL 中的一部分，可以直接选择，或者在下方输入框中输入要跳转的外部 URL，如图 3-47 所示。

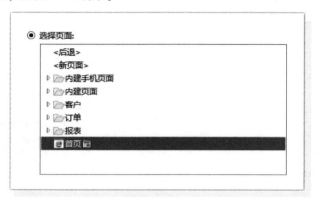

● 图 3-46

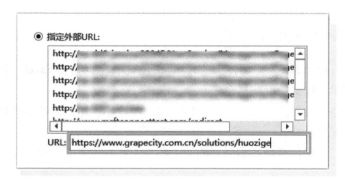

● 图 3-47

指定值有以下几种方式：

内部页面：可输入内部页面的名称，会直接跳转到内部的页面，效果与选择应用中的页面相同。

URL：可输入外部的 URL，效果与指定外部 URL 相同。

公式：可直接输入公式，或选择页面中的单元格，根据公式的计算结果或单元格的值进行跳转。例如设置跳转命令的指定值为"= B4"，B4 的值为 https：//www. grapecity. com. cn/solutions/huozige。那么运行后，单击"跳转"按钮，会根据"= B4"公式的计算结果进行跳转，跳转到活字格的官网，如图 3-48 所示。

如果勾选"在新的 Tab 打开页面"，无论选择哪种页面跳转方式，都会在浏览器中新开一个标签页打开跳转的页面，否则在当前页面打开跳转的页面，默认为不勾选此项。

真实的业务场景中，经常需要多个命令配合使用，比如判断当数据状态为已提交时，不能更新数据库，并跳转到添加失败页；此时只需要组合这些命令即可。

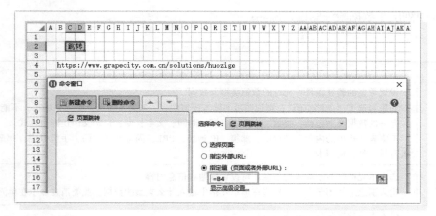

● 图 3-48

▶▶ 3.6.3 输入框的数据验证

数据校验是为保证数据的完整性进行的一种验证操作。

在活字格中可以在页面中对单元格或单元格区域设置数据校验，例如限制单元格必须输入值或限制字符的长度等。

在页面中选择单元格或单元格区域，在功能区的菜单栏中选择"数据"，单击"数据验证"，如图 3-49 所示。

● 图 3-49

表 3-3 中列出了数据验证的设置说明：

表 3-3 数据验证的设置说明

设置项	说　　　　明
设置	设置数据的验证条件：允许的数值类型及数据 如果勾选了"忽略空值"，则说明可不输入任何内容；如果不勾选，则为必填项，不能为空值 允许的数据类型包括：整数、小数、日期、时间、文本长度、自定义、正则表达式 正则表达式中的内置类型包括：邮箱、IP 地址、URL、固定电话号码、手机号码、邮政编码、个人身份证号、信用卡
输入信息	选定单元格时显示输入的信息。可设置标题和信息内容 输入消息通常用于指导用户应在该单元格中输入什么类型的数据。此类消息显示在单元格附近
出错警告	输入无效数据时显示的错误信息

例如，在订单添加页面中，要对订单日期进行数据验证，所填写订单的订单日期需大于 2019 年 1 月 1 日。具体操作如下：

选中订单日期单元格，单击"数据验证"，如图 3-42 所示。

● 图 3-50

在"数据验证"对话框中选择"设置"选项卡，"允许"选择"日期"，"数据"选择"大于或等于"，开始日期为"2019/1/1"，如图 3-51 所示。

● 图 3-51

选择"输入信息",勾选"选定单元格时显示输入信息"。如果不勾选"选定单元格时显示输入信息",则不会显示输入信息。

设置标题为"订单日期",输入信息为"请输入订单日期",如图 3-52 所示。

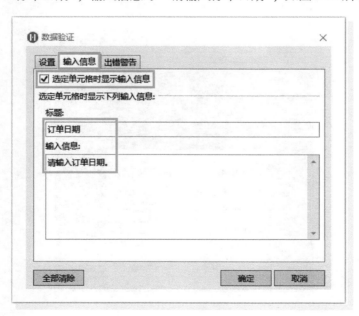

● 图 3-52

选择"出错警告",设置当输入无效数据时显示的出错警告,如图3-53所示。

● 图 3-53

运行后,添加订单时,在订单日期单元格中,选择日期时会显示设置的输入信息,如图3-54所示。

● 图 3-54

选定小于 2019/1/1 的日期后输入下一个信息时, 会显示出红色的出错警告, 如图 3-55 所示。

● 图 3-55

练习题:

创建一个店铺信息页面, 其有多个字段, 有两个子表, 具体内容如图 3-56 和图 3-57 所示。

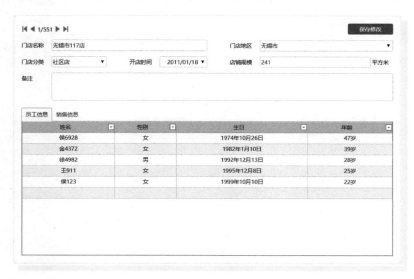

● 图 3-56

● 图 3-57

请使用活字格完成以上页面的设计。

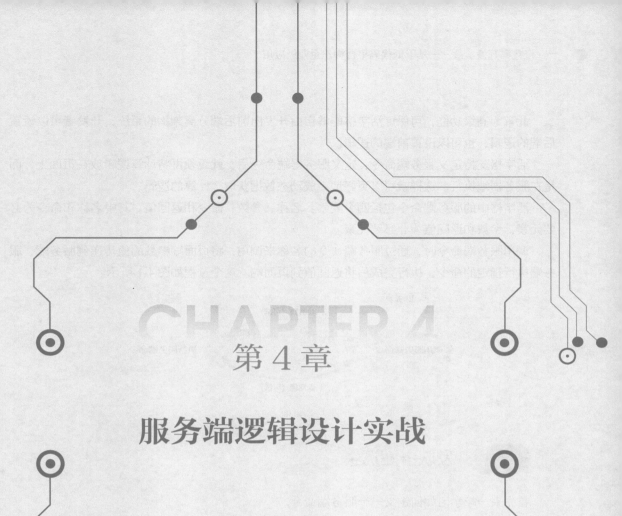

第 4 章

服务端逻辑设计实战

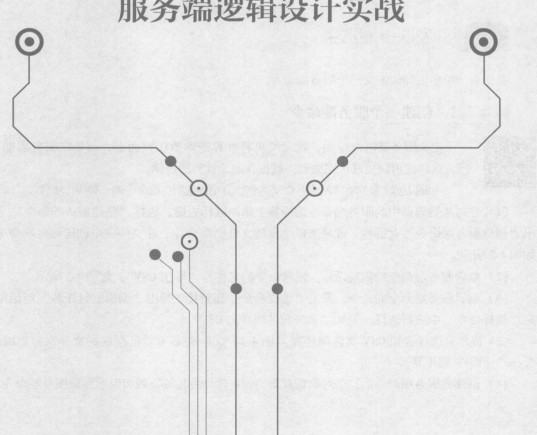

此章为高级功能，可保证活字格能够自由开发出前后端分离架构的系统，开发者可以设置后端的逻辑，也可以设置前端的逻辑。

活字格支持定义服务端命令，定义服务器端命令后，就无须再将计算逻辑放在页面上，而是在服务器端执行。这样就可以更好地完成动态数据获取、计算的逻辑。

活字格中的服务端命令包括四个要素：名称、参数、命令和返回值。其中名称和命令为必要元素，参数和返回值为非必要元素。

调用服务端命令时，通过服务端命令的名称来调用，将页面端参数的值传递到服务端，服务端执行指定的命令，执行完成后将返回值到页面端。这个过程如图 4-1 所示。

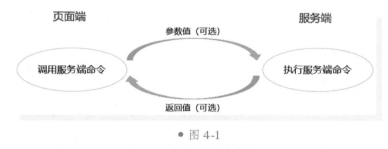

● 图 4-1

4.1 开发服务端逻辑

首先来一起学习如何定义一个服务端命令。

4.1.1 创建一个服务端命令

定义服务器端命令后，就无须再将计算逻辑放在页面上，而是在服务器端执行。这样就可以更好地完成动态数据获取、计算的逻辑。

下面以创建服务端导入导出 CSV 为例，介绍创建服务端命令的一般操作步骤。

（1）在对象管理器中的服务端命令的标签上单击鼠标右键，选择"创建服务端命令"，弹出"创建服务端命令"对话框。或是选择"创建文件夹"命令，在文件夹中创建服务端命令，如图 4-2 所示。

（2）编辑服务端命令的常规设置。设置命令的名称为"导出 CSV"，如图 4-3 所示。

（3）编辑服务端命令的命令。单击"编辑命令"超链接，弹出"编辑定时任务"对话框，在"选择命令"中进行选择，例如"选择服务端导出 CSV"。

CSV 操作、选择表和 CSV 文件路径参见图 4-4。文件夹必须为已存在的文件夹，后缀名".csv"可以省略不写。

（4）创建完服务端命令后，在对象管理器的服务端命令标签下就可以看到该服务端命令。

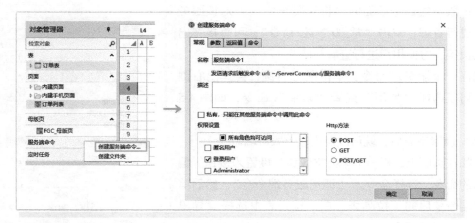

● 图 4-2

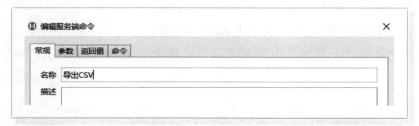

● 图 4-3

● 图 4-4

单击服务端命令前面的"将其展开▷"，可对该服务端命令进行管理，双击"常规/参数/命令"，可直接弹出对应的页签，方便用户进行查看与修改。

选择一个服务端命令，单击鼠标右键，会弹出右键菜单，可以选择"禁用"或者"复制"命令，如图4-5所示。

（5）设置完成后，就可以调用这个服务端命令。

例如在页面上选择一个单元格区域，设置为按钮。编辑按钮的命令，选择命令为"调用服务端命令"，然后单击服务端命令后的下拉列表，在下拉列表中选择"导出CSV"，如图4-6所示。

（6）设置完成后，单击"确定"按钮关闭对话框。运行页面，在页面中单击"服务端导出CSV"按钮，就会在设置的指定路径下看到导出的CSV文件，如图4-7所示。

● 图 4-5

● 图 4-6

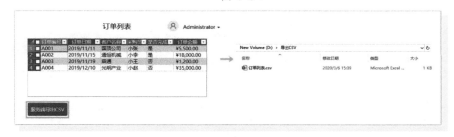

● 图 4-7

▶▶4.1.2 复杂逻辑的命令设置

服务端命令有很多的设置，如参数、返回值，还有其中的命令。

在定义服务端命令时，可以根据业务需要来选择是否定义参数，定义参数后，可以在执行服务端命令时，将页面端参数的值传到服务端。在一个服务端命令中创建了一个参数后，该命令后的所有命令都可以使用或更新该参数。该参数始终可用，直到所有命令执行完成，如图 4-8 所示。

● 图 4-8

返回值和参数大致一样，不同点在于参数是页面端给服务端传递的数据；而返回值是服务端命令执行完以后，将结果和内容返回给前端。

下面以示例来说明一个稍显复杂的逻辑，一个采购单为主子表结构，如图 4-9 所示。

● 图 4-9

将其内容从前端传递给后端，添加以后，将处理的信息返回给前端。

创建一个服务端命令，并将名称设置为新建采购单，如图 4-10 所示。

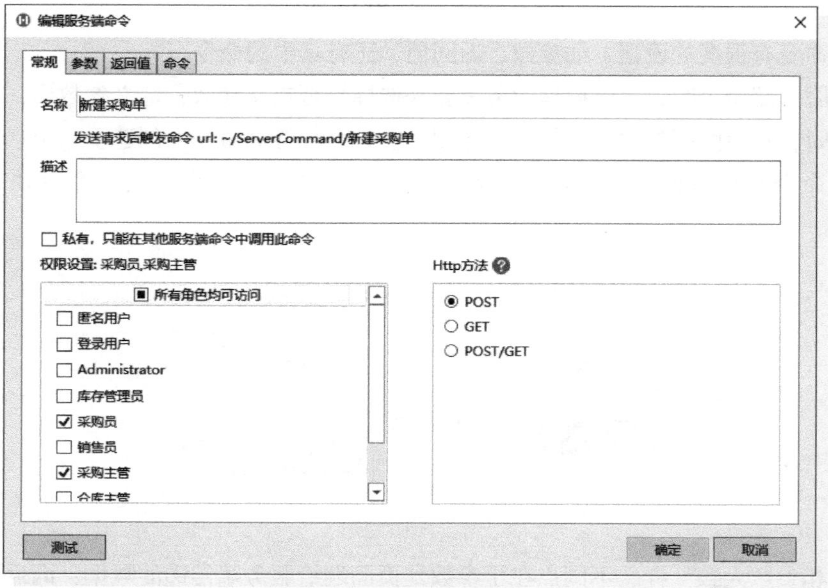

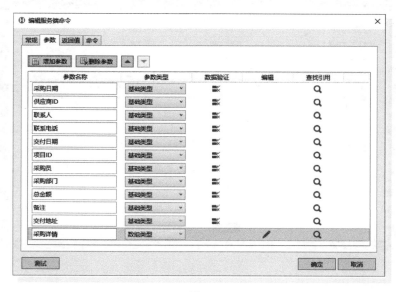

● 图 4-10

参数类型包含基础类型和数组类型（用来保存子表），如图 4-11 所示。

● 图 4-11

接下来的逻辑应该是，首先保证所有的操作都是原子性，因此所有的操作都需要在一个事务中，因此需要先创建一个事务命令，如图 4-12 所示。

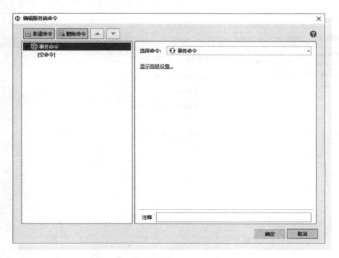

● 图 4-12

将采购单主表的信息保存起来，如图 4-13 所示。

● 图 4-13

因子表可能一次创建多条数据，因此需要一条一条地更新子表内容，同时需要将主表的 ID 存入子表中，以保证主表和子表的关联关系，所以需要如图 4-14 和图 4-15 中的设置。

● 图 4-14

● 图 4-15

至此，所有的逻辑已设置完毕。

练习 1：创建一个服务端命令，输入参数为单价和数量，输出这个两个数的乘积（即总价）。

4.2 调试服务端逻辑

应该如何使用服务端命令，使用时有哪些小技巧，本节将一起来探讨学习。

▶▶ 4.2.1 命令

开发后端逻辑时，经常会遇到同一个逻辑被多次使用的情况，经常需要将此类逻辑设置成私有的服务端命令，并被其他服务端命令调用。

设置命令为私有后，该服务端命令不能在页面端直接调用，只能在其他服务端命令中调用此命令。

在常规设置页签中，可以设置使用范围，勾选"私有，只能在其他服务端命令中调用此命令"后，该服务端命令不能在页面端直接调用，只能在其他服务端命令中调用此命令，如图 4-16 所示。

设置命令为私有后，也不需要再设置该命令的权限。

● 图 4-16

在服务端命令中，选择命令为"调用服务端命令"，在"服务端命令"列表中，可以选择私有的服务端命令，如图 4-17 所示。

● 图 4-17

但在页面端调用服务端命令时，服务端命令列表中不会列出私有的服务端命令，如图 4-18 所示。也就是不能在页面端直接发送请求来调用私有的服务端命令。

● 图 4-18

▶▶ 4.2.2 服务端命令的调试

在活字格中创建服务端命令，根据业务需求及使用场景的不同，有的服务端命令可能非常复杂，如果遇到一些错误，也很难找到原因。

活字格在服务端命令执行期间提供日志功能，用户可以检查日志，以帮助调试服务端命令。

建议使用 Google 浏览器来进行调试。由于是不同的 Google 浏览器版本，调试工具也可能有差异。

创建服务端命令后，在页面端可调用服务端命令。当服务端命令通过发送请求触发执行时，日志信息将自动显示在浏览器的控制台中。可以在浏览器中按 F12 键打开开发者工具，查看控制台的信息。

例如创建一个比较复杂的服务端命令，参数和命令如图 4-19 所示。

在页面中设置调用服务端命令，然后运行页面，在页面的订单详情表中添加、修改和删除数据，然后单击"更新订单详情"按钮，服务端就会执行循环命令中的数据表操作命令，如图 4-20 所示。

● 图 4-19

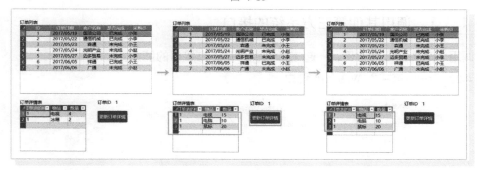

● 图 4-20

在浏览器中按 **F12** 键打开开发者工具，单击"**Console**"，可以看到服务器执行后的日志信息，包括执行的服务端命令的名称、请求方式、用户、参数和命令等。

如果服务端命令执行时出现错误，可以根据这里的信息进行调试修改，如图 4-21 所示。

● 图 4-21

练习2：创建一个服务端命令，输入参数为单价和数量，输出这两个数的乘积（即总价），并创建一个页面，用户可以输入单价和数量，将这两个参数传递到服务端命令，将执行的结果返回并显示到前端页面。

4.3　Restful Web API

一个企业级的低代码开发平台，不但要打通企业间的数据孤岛，还要保证自己开发的应用不成为新的数据孤岛；除了数据库的连接能力，Web API 的对接和开放能力也是解决数据孤岛的重要功能，本节将一起学习 Web API 的调用和开发能力。

▶▶ 4.3.1　调用其他第三方系统的接口

以调用一个快递接口为例，一起来学习调用第三方接口的能力：

图 4-22 是一个第三方 Web API 接口。

基本信息

接口地址：	https://api.apishop.net/common/express/getExpressInfo
请求协议：	HTTP、HTTPS
请求方式：	GET、POST
请求格式：	Form-data
返回格式：	JSON
请求示例：	https://api.apishop.net/common/express/getExpressInfo?apiKey=您的apiKey&expressNumber=参数1&expressType=参数2

测试API

请求参数

参数名	类型	必填	说明
apiKey	[long]	是	apiKey，申请数据后可在控制台查看
expressNumber	[text]	是	快递单号；其中顺丰的运单号输入如下"运单号:收件人或寄件人手机号后四位"，例如：123456789:1234
expressType	[text]	否	快递公司，不填默认自动识别

返回参数

参数名	类型	必填	说明
statusCode	[text]	是	状态码，包括系统级状态码以及接口状态码，详情参考状态码文档
desc	[text]	是	状态码说明

● 图 4-22

对接此接口前，首先需要在活字格创建一个服务端命令，并设置一个参数，接收传入的快递单号，并在请求中发送给第三方接口，如图 4-23 所示。

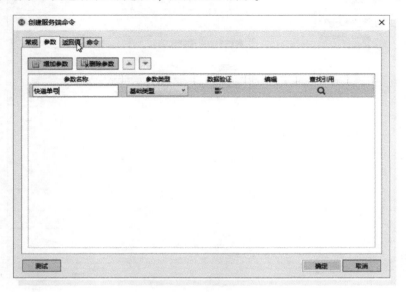

● 图 4-23

在服务端命令中设置"发送 HTTP 请求命令"，将第三方需要的参数设置好，并将返回值设置到参数 result 中，如图 4-24 所示。

● 图 4-24

设置返回命令，将返回信息返回给前端，如图4-25所示。

● 图 4-25

在前端调用服务端命令，并将接口的返回值返回前端，通过 JSON 数据的导入显示到页面的单元格上，如图4-26所示。

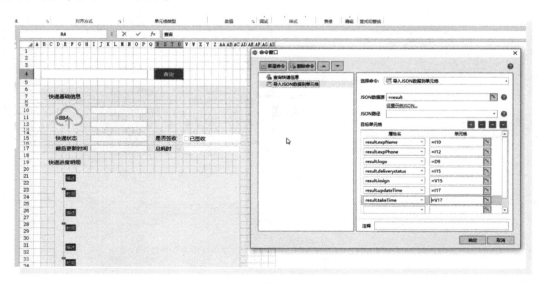

● 图 4-26

设置完命令以后，在前端页面上可以查看效果，如图 4-27 所示。

● 图 4-27

经过简单的设置以后，已经完成了同第三方 Web API 的对接功能，其实使用低代码对接第三方就是如此简单。

▶▶ 4.3.2 开放 Web API 被其他系统对接

下面以对外开放物品管理接口为例，一起学习使用低代码开放接口被其他第三方系统调用。创建一个服务端命令，并自定义希望开放的数据内容，如图 4-28 所示。

● 图 4-28

将设置的值作为返回值返回，如图 4-29 所示。

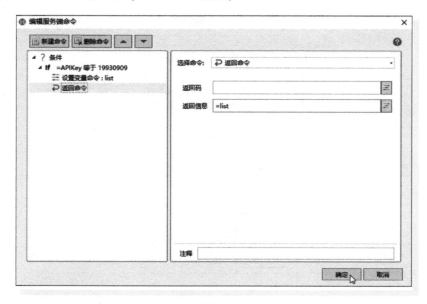

● 图 4-29

到此一个接口已经设置完成，可以使用第三方的工具验证数据是否已开放完成，如图 4-30 所示。

● 图 4-30

到此，对外开放接口的功能已经开发完毕。

4.4　计划任务

活字格支持定时任务（计划任务），定期触发应用，执行一些后台任务，如定期导出文件、发送邮件通知等。

▶▶ 4.4.1　定时任务的触发条件

定时任务中的触发条件非常丰富。

按预定计划：设置执行频率为一次/每小时/每天/每周/每月，并可在高级设置中设置到期日期，如图 4-31 所示。

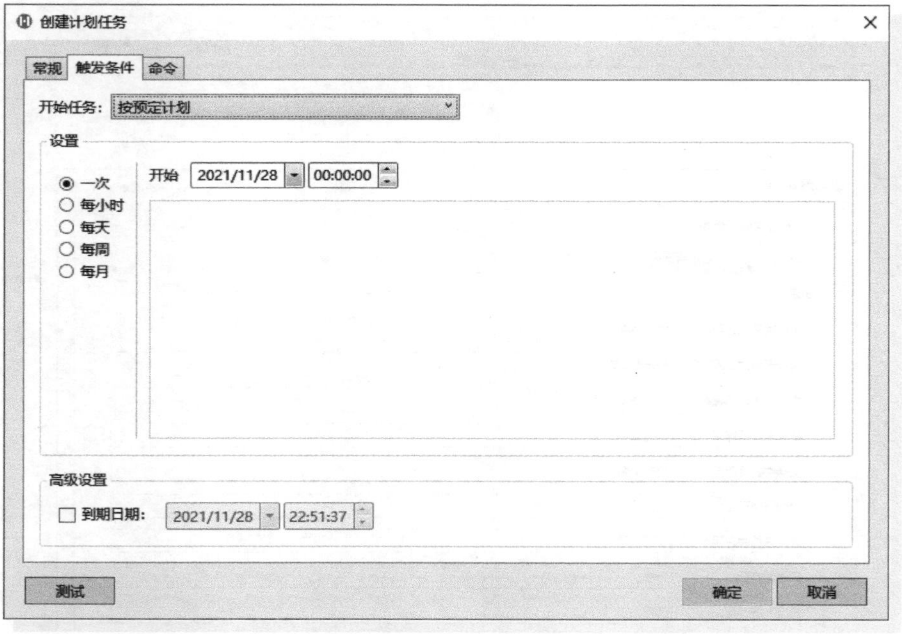

● 图 4-31

预定计划任务执行后：自动生成如下参数，可以在命令中使用这些参数。参数名称支持修改，如图 4-32 所示。

服务端命令执行后：自动生成如下参数，可以在命令中使用这些参数。参数名称支持修改，如图 4-33 所示。

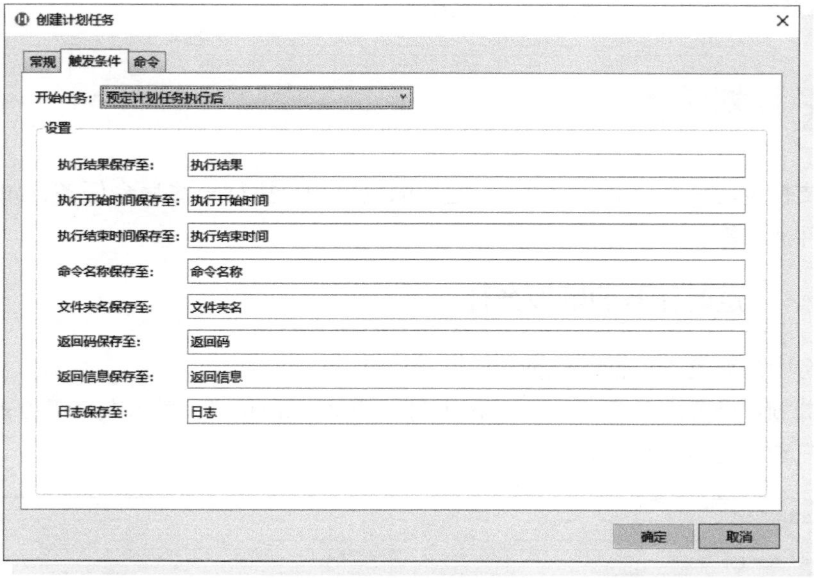

● 图 4-32

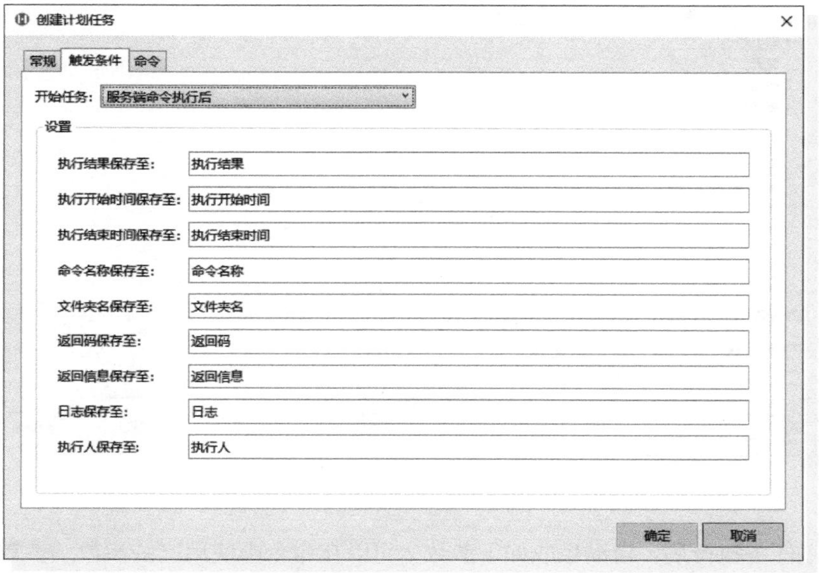

● 图 4-33

外联表副本同步后：自动生成如下参数，可以在命令中使用这些参数。参数名称支持修改，如图 4-34 所示。

● 图 4-34

▶▶ 4.4.2 设计定时任务

下面以创建服务端导入导出 CSV 的计划任务为例，介绍创建计划任务的详细操作。

在对象管理器中的计划任务的标签上单击鼠标右键，选择"创建计划任务"命令，就会弹出"创建计划任务"对话框。

也可以选择"创建文件夹"命令，在文件夹中创建计划任务，如图 4-35 所示。

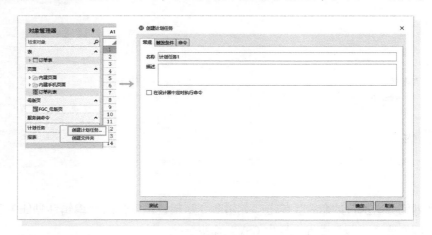

● 图 4-35

编辑计划任务中的常规设置，可以设置计划任务的名称和描述，便于后期自己或他人进行维护，如图 4-36 所示。

● 图 4-36

设置一个就近的方便查看执行结果的时机，如图 4-37 所示。

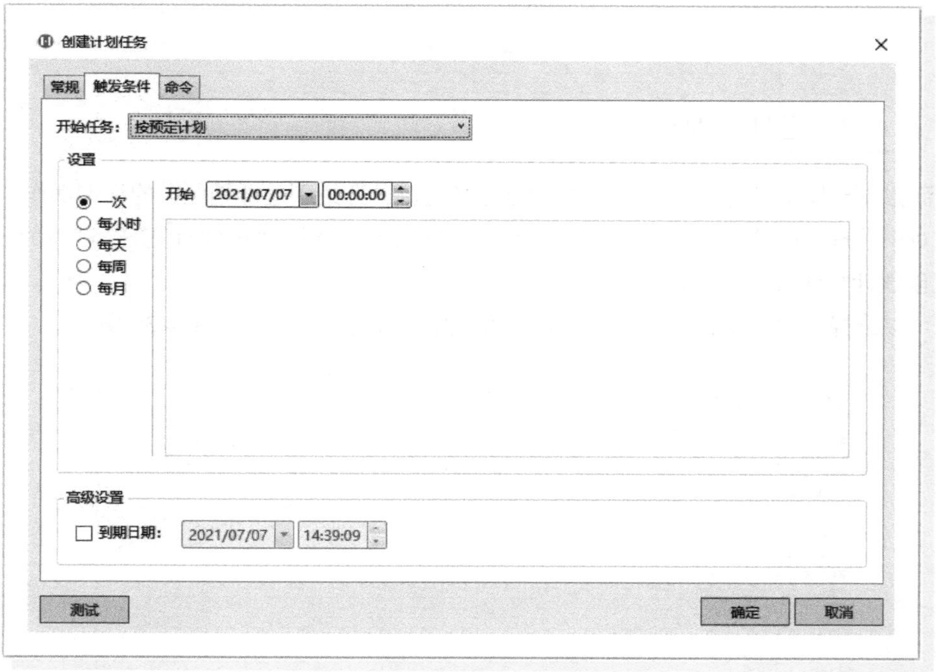

● 图 4-37

编辑计划任务所执行的命令。单击"编辑命令"超链接，弹出"编辑计划任务"对话框，选择命令，例如选择"服务端导入导出 CSV"命令。

选择 CSV 操作、选择表和 CSV 文件路径，如图 4-38 所示。

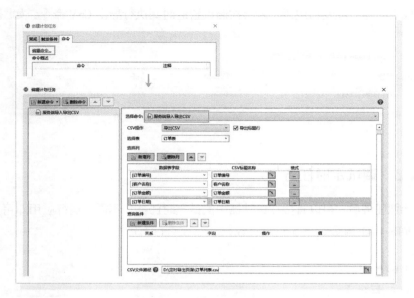

• 图 4-38

设置完成后,在对象管理器的计划任务标签下就可以看到创建的计划任务。

单击计划任务前面的"将其展开"按钮,可对该计划任务进行管理,双击常规、触发条件、命令,就会直接弹出对应的页签,方便进行查看与修改。

选择一个计划任务,单击鼠标右键,会弹出右键菜单,可以选择禁用此计划任务或者复制计划任务,如图 **4-39** 所示。

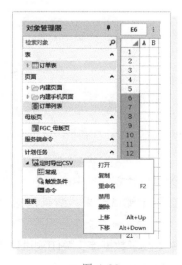

• 图 4-39

设置完成后，运行或发布应用，就会按照设置的时间执行导出 CSV 命令，如图 4-40 所示。

● 图 4-40

▶▶4.4.3　调试定时任务

创建完计划任务后，可以直接在设计器中测试定时任务，不需要运行应用即可测试定时任务的设置，如图 4-41 所示。

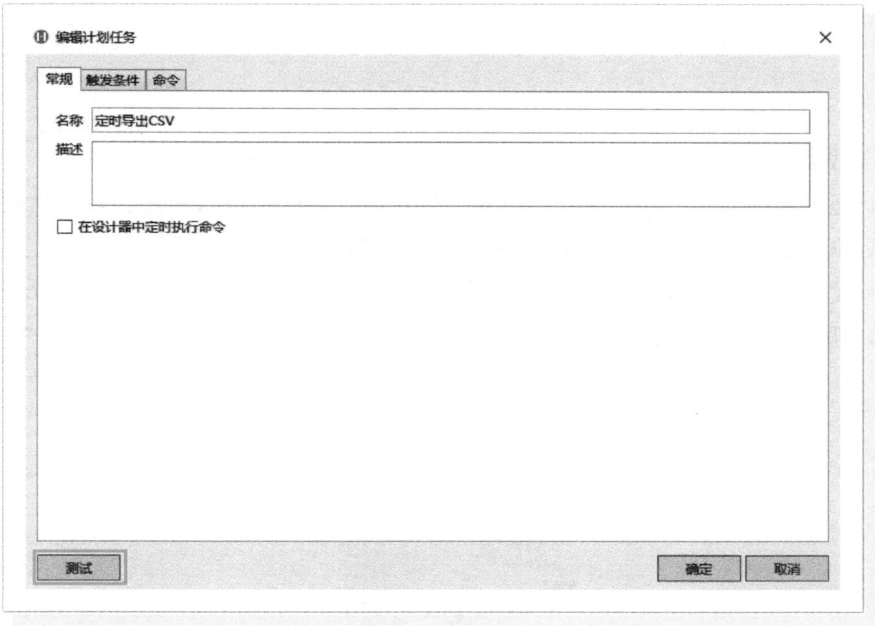

● 图 4-41

单击"测试"按钮，就会立刻执行计划任务中的命令。

执行计划任务中的命令后，会显示测试结果。结果包括"返回码"和"执行日志"，如图 4-42 所示。

如果执行的计划任务中的命令更改了数据库，关闭测试结果的对话框后，会显示如图 4-43 所示的对话框，可以选择是否同步数据库。

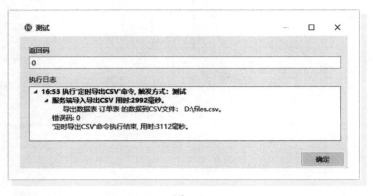

● 图 4-42

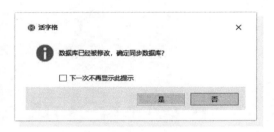

● 图 4-43

勾选"在设计器中定时执行命令"后，会在设计器中定时执行计划任务的命令，这里默认不勾选，如图 4-44 所示。

● 图 4-44

练习：设置一个服务端命令，完成出入库单的添加、修改、删除逻辑，并在出入库单更新的同时，变更物品库存表中对应物品的库存信息。

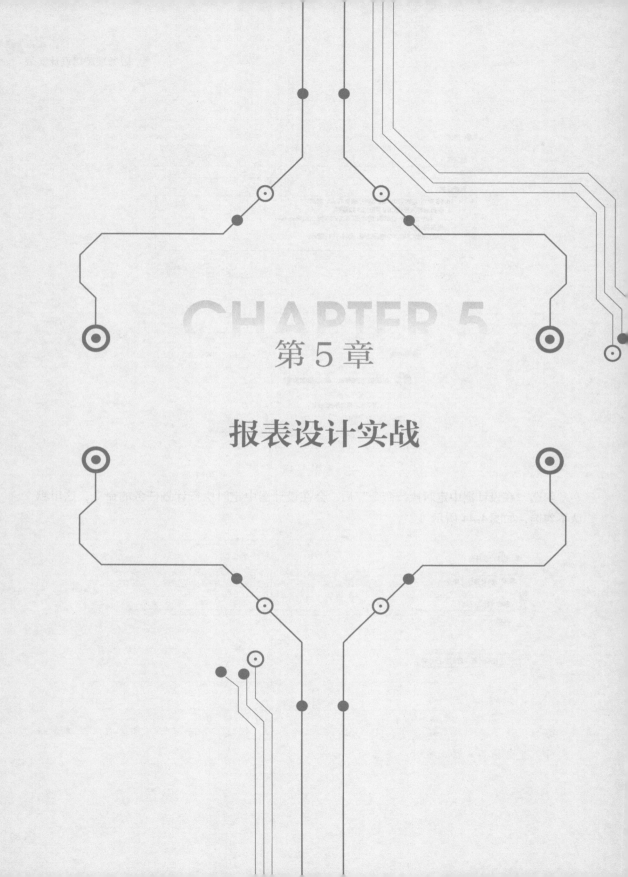

第 5 章

报表设计实战

报表是现代企业信息化不可缺少的统计分析工具，它主要用来实现企业内相对固定的资金日报、销售周报、财务月报，以及关键数据的统计分析等较为细致的数据展示分析。本章介绍活字格报表的使用。

5.1　报表设计

报表一般由页眉页脚、报表主体和查询条件三部分组成。其中页眉页脚和查询条件为可选元素，根据实际情况进行选用。

❶ 查询条件

用来实现报表对数据的查询过滤。设定查询条件后，报表就可以根据查询条件动态显示查询结果。查询条件是可选项，请根据实际情况选择是否使用。

❷ 页眉页脚

一般用来显示公司 logo、文件名称、当前页码、总页数、打印日期等信息。如果设置了页眉页脚，那么报表的每一页都会进行显示。请根据实际需要选择是否使用。

❸ 报表主体

报表主体由表格、矩表、图表等控件元素和实际数据组成，支持的控件元素有 20 余种。

▶▶5.1.1　RDL 报表和页面报表

❶ RDL 报表

RDL 报表适用于制作数据连续展示，无须进行多页面设计和准确布局的报表，是应用较为广泛的一种报表类型，如图 5-1 所示。

类别名称	产品名称	购买数量	订单金额
生鲜蔬果	产品032	13	901.55
生鲜蔬果	产品001	7	179.2
综合商品	产品011	7	112.72
生鲜蔬果	产品038	19	771.21
饮料烟酒	产品021	5	423.15
饮料烟酒	产品047	10	940.9
食品副食	产品031	20	1231.2
饮料烟酒	产品003	15	900.9
饮料烟酒	产品021	15	627
日用百货	产品034	6	28.8
食品副食	产品007	2	75.68
日用百货	产品037	13	1041.3
文体办公	产品029	12	352.8
食品副食	产品018	16	934.56
饮料烟酒	产品010	8	260.48
文体办公	产品006	2	92.72
生鲜蔬果	产品001	11	346.94
饮料烟酒	产品035	11	215.6
文体办公	产品027	20	1260
文体办公	产品029	18	118.44

● 图 5-1

RDL 报表仅支持单页面设计模式，即在同一个页面中设计完成报表的所有内容。

RDL 报表在预览或运行时会将组件扩展，直至显示出数据集中所有的数据，能自动实现数据分页显示，最终的页面布局取决于需要展示的数据量。

② 页面报表

页面报表是与 RDL 报表类似的报表类型，与 RDL 报表不同的是：页面报表的报表页面在运行与设计时保持完全一致，各组件的位置和大小都不会改变，非常适合创建传统的纸质格式套打报表。

页面报表支持多页面设计模式，并且可以控制组件的扩展区域。这使得用户可以精确地设计报表每页的布局和内容，而无须担心组件扩展带来的布局变化。

页面报表的页面布局在运行与设计时完全保持一致，各组件的位置和大小都不会发生改变，非常适合创建传统的纸质报表格式，如用于设计财务单据、银行账票等格式要求严格的报表，如图 5-2 所示。

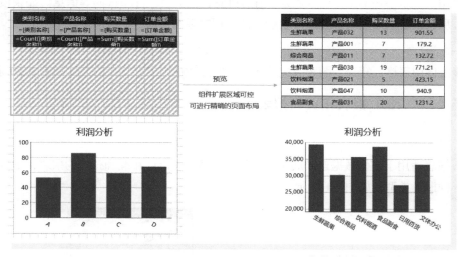

● 图 5-2

（1）设计区。

页面报表设计区与 RDL 报表设计区的明显差异是多了对页面的控制。

单击顶部菜单栏的"报表"，可见"页面"控制项。可以移动页面顺序、插入页面、复制当前页面或者删除当前页面。

在设计区下方单击页面选项卡，即可切换至对应页面，默认只有一页，如果没有其他页面布局，此页面的布局将被应用于整个报表。

单击右下角的 ＋添加页 ，可以快速添加新页面。新加页面的选项卡使用递增页码显示在已有页面选项卡的右侧，如图 5-3 所示。

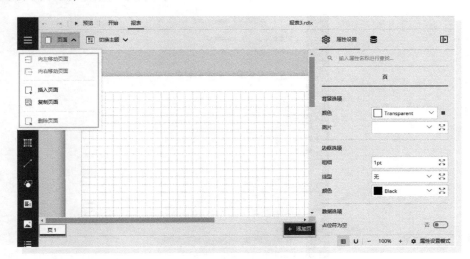

● 图 5-3

（2）组件扩展区域。

页面报表的报表页面在运行与设计时保持完全一致，各组件的位置和大小都不会改变，而实现这一点的关键在于组件的扩展区域可以进行控制。

在页面报表设计区中添加"表格""矩表""列表"等可以根据数据进行自动扩展的组件时，会带有一个类似"阴影"的灰色区域，该区域即为页面报表中组件的扩展区域。

可以通过鼠标拖曳三个控制锚点来控制扩展区域的范围，设置好扩展区域后，组件在预览或运行时，则仅会在该区域内进行数据扩展，不会影响页面的布局，如图 5-4 所示。

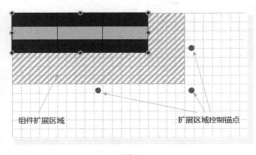

● 图 5-4

（3）内容溢出占位符。

页面报表的工具箱元素与 RDL 基本相同，但是多一个内容溢出占位符组件。

内容溢出占位符用来显示表格、矩表和列表等数据区域组件中未能显示出的数据，只能在页面报表中使用，如图 5-5 所示。

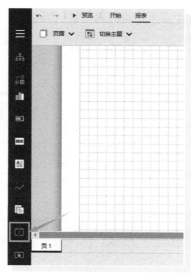

● 图 5-5

（4）多页面布局。

如果将建立链接关系的溢出占位符与组件放置在不同的页面，则可创建多页面布局。

（5）多列布局。

也可以在同一页面中使用内容溢出占位符来创建多列布局，如图 5-6 所示。

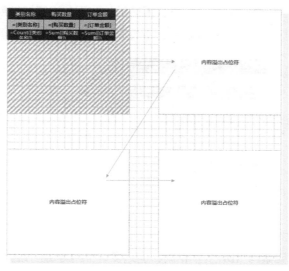

● 图 5-6

预览效果,如图 5-7 所示。

类别名称	购买数量	订单金额
生鲜蔬果	13	901.55
生鲜蔬果	7	179.2
综合商品	7	132.72
生鲜蔬果	19	771.21
饮料烟酒	5	423.15
饮料烟酒	10	940.9
食品副食	20	1231.2
饮料烟酒	15	900.9
饮料烟酒	15	627

类别名称	购买数量	订单金额
日用百货	6	28.8
食品副食	2	75.68
日用百货	13	1041.3
文体办公	12	352.8
食品副食	16	934.56
饮料烟酒	8	260.48
文体办公	2	92.72
生鲜蔬果	11	346.94
饮料烟酒	11	215.6

类别名称	购买数量	订单金额
文体办公	20	1260
文体办公	18	118.44
食品副食	16	1055.36
综合商品	7	38.22
日用百货	8	345.6
生鲜蔬果	18	900.36
生鲜蔬果	9	677.97
食品副食	5	356.7
饮料烟酒	2	150.92

类别名称	购买数量	订单金额
饮料烟酒	1	27.36
饮料烟酒	11	420.97
饮料烟酒	11	480.15
食品副食	14	906.92
日用百货	19	1348.62
文体办公	13	669.76
生鲜蔬果	8	136.08
综合商品	8	336.96
日用百货	18	761.4

● 图 5-7

(6)建立溢出链接。

使用内容溢出占位符时,需要将其与其他组件之间建立链接,以此来获取组件内容。

可以将内容溢出占位符与表格、矩表、列表等组件链接,也可以将不同的内容溢出占位符之间建立链接关系(如创建多列布局)。

下面以组件与溢出占位符链接为例进行介绍。操作步骤如下:

创建一个表格组件,并设置一定的扩展区域,如图 5-8 所示。

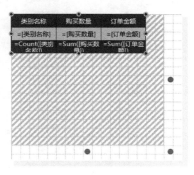

● 图 5-8

将内容溢出占位符拖曳至设计区，并调整大小。在属性设置中可见该内容溢出占位符的名称为"内容占位符1"，下一步将使用该名称与组件建立链接，如图5-9所示。

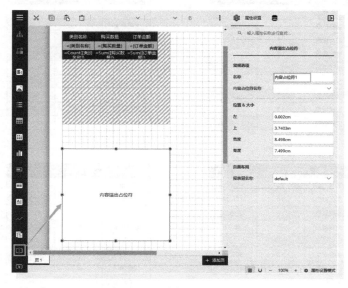

● 图 5-9

选中整个表格组件，在属性设置中找到"内容占位符名称"设置项，单击下拉箭头，然后选择需要链接的占位符"内容占位符1"，如图5-10所示。

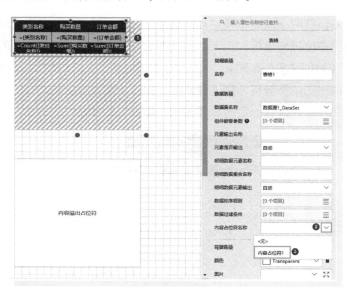

● 图 5-10

建立链接后，内容溢出占位符的显示名称已经显示出表格 1 的链接关系，如图 5-11 所示。预览报表，如图 5-12 所示。

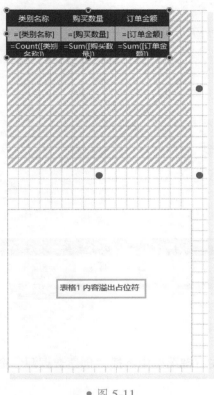

类别名称	购买数量	订单金额
=[类别名称]	=[购买数量]	=[订单金额]
=Count([类别名称])	=Sum([购买数量])	=Sum([订单金额])

表格1 内容溢出占位符

● 图 5-11

类别名称	购买数量	订单金额
生鲜蔬果	13	901.55
生鲜蔬果	7	179.2
综合商品	7	132.72
生鲜蔬果	19	771.21
饮料烟酒	5	423.15
饮料烟酒	10	940.9
食品副食	20	1231.2
饮料烟酒	15	900.9
饮料烟酒	15	627

类别名称	购买数量	订单金额
日用百货	6	28.8
食品副食	2	75.68
日用百货	13	1041.3
文体办公	12	352.8
食品副食	16	934.56
饮料烟酒	8	260.48
文体办公	2	92.72
生鲜蔬果	11	346.94
饮料烟酒	11	215.6

● 图 5-12

▶▶ 5.1.2　创建报表

本节会系统介绍如何在活字格中创建简单的报表。

创建报表前，首先需要准备好用于创建报表的数据表。

（1）创建报表。在对象管理器的报表标签上，单击鼠标右键，选择"创建页面报表"或"创建 RDL 报表"命令。或是选择"创建文件夹"命令，在文件夹中创建页面报表或创建 RDL 报表，如图 5-13 所示。

也可以在功能区菜单栏中单击"创建"，在报表区域单击"页面报表"或"RDL 报表"，如图 5-14 所示。

● 图 5-13

● 图 5-14

（2）创建数据源。选择报表，单击鼠标右键，在右键菜单中选择"创建数据源"命令，弹出"编辑报表数据源"对话框，如图 5-15 所示。

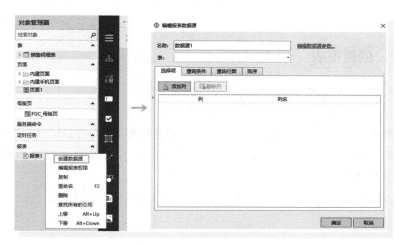

● 图 5-15

（3）编辑报表数据源，如图 5-16 所示。表 5-1 为编辑数据源与对应描述。

表 5-1　编辑数据源与对应描述

编辑数据源	描　　述
名称	数据源的名称
表	选择数据的来源数据表
编辑数据源参数	添加的数据源参数可在查询条件、查询行数等处使用
选择项	选择数据表后，默认会将数据表中的所有字段自动添加到选择项列表中。可以根据需要添加或删除列
查询条件	设置数据表中数据的查询条件
查询行数	设置数据表中数据的查询行数
排序	设置数据表中数据的排序规则

● 图 5-16

（4）编辑报表，添加组件元素。单击"报表"中的"添加页眉"，如图 5-17 所示。
拖曳一个文本框到页眉区域，并输入"销售报表"，如图 5-18 所示。

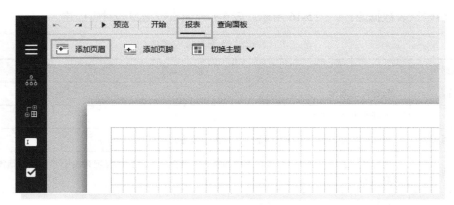

● 图 5-17

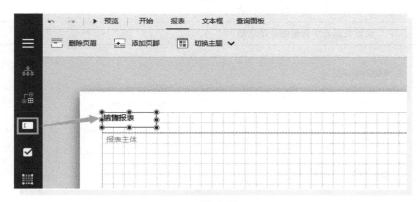

● 图 5-18

拖曳一个表格至报表主体区域，如图 **5-19** 所示。

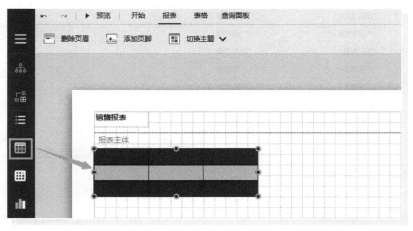

● 图 5-19

使用鼠标右键单击最后一列的一个单元格，在弹出的菜单中选择"列操作"中的"在右侧插入列"命令，将数字调整成"4"，添加 4 列，然后单击"在右侧插入列"命令，就会插入 4 列，如图 5-20 所示。

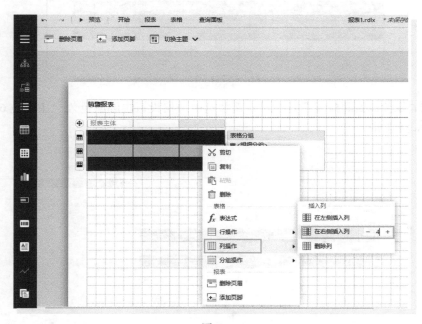

● 图 5-20

（5）绑定数据。选中表格第二行的单元格，单击单元格内右侧的回，选择数据源中的字段进行绑定。数据绑定后会自动填充表头标题和表尾汇总，如图 5-21 所示。

● 图 5-21

（6）外观优化。选中整个表格，将其拉宽至报表主体边框，如图 5-22 所示。

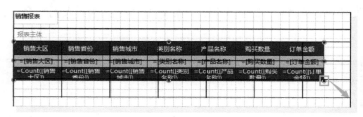

● 图 5-22

在右侧的属性设置面板设置其样式，例如选中表格设置主题颜色为"主题色 6-交替行颜色"，如图 5-23 所示。

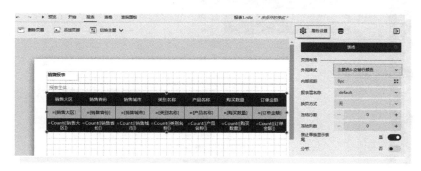

● 图 5-23

单击设计器菜单栏的"预览"按钮，预览报表，如图 5-24 所示。

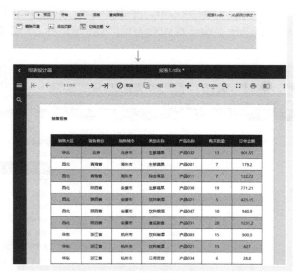

● 图 5-24

（7）编辑报表权限。选择报表，单击鼠标右键，在右键菜单中选择"编辑报表权限"命令。在弹出的对话框中，选择可以查看和导出报表的角色，如图 5-25 所示。

● 图 5-25

（8）展示报表。创建报表后，可以使用新增的两个报表命令来展示报表：打开报表命令和导出报表命令。

运行页面，在页面中单击"打开报表"按钮，就会在浏览器中打开一个标签页，显示报表，如图 5-26 至图 5-28 所示。

● 图 5-26

单击"打印"按钮，就会将报表导出到PDF中，如图5-29所示。

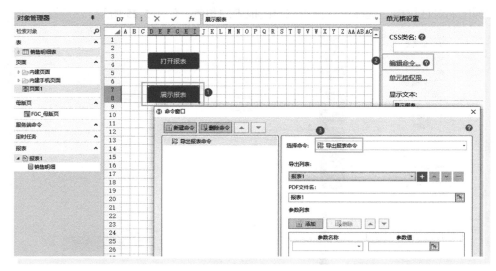

● 图 5-27

● 图 5-28

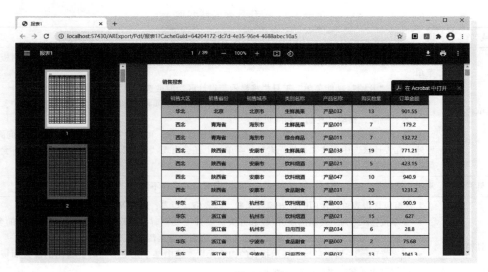

• 图 5-29

▶▶5.1.3 设计报表

❶ 报表设计器及常用操作

（1）报表设计器。

操作界面由顶部的菜单栏、工具栏、左边的工具箱、中间的设计区、右边的属性设置面板和数据绑定面板等部分构成，如图 5-30 所示，表 5-2 为操作界面区域名称。

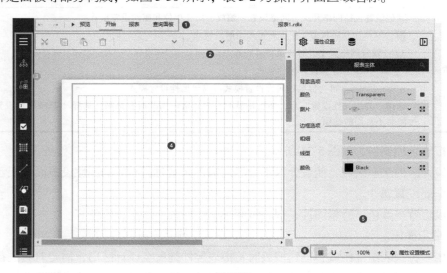

• 图 5-30

表 5-2　操作界面区域名称

区域名称	说　　明
菜单栏	包括菜单按钮、撤销、恢复、保存、另存为、预览操作按钮，以及开始、报表、查询面板功能菜单 • 选择"开始"功能菜单，工具栏将显示与设计区当前被选中元素相关的常用操作项 • 选择"报表"功能菜单，在 RDL 报表中可添加页眉、页脚和切换主题；在页面报表中，可插入、删除、移动、复制、删除页面 • 选择"查询面板"功能菜单，进入查询面板设计界面，可以自定义更加美观实用的查询面板 另外，在设计区选中图表和表格元素时，菜单栏上还会出现"图表"或"表格"，单击后将会在工具栏显示相关操作项目
工具栏	常用快捷操作。选择不同功能元素时，工具栏中可用的操作不同
工具箱	工具箱包含报表可以使用的报表控件元素，如表格、矩表、图表等。其中： • 菜单按钮▤ 为工具箱的展开/收起开关。展开工具箱时，可以看到每个工具箱元素的名称；收起工具箱时，不显示工具箱元素的名称，可为设计区留出更多空间 • 元素管理▱：以树形目录展示报表的构成元素，选中某个元素节点时，右侧的设置面板将切换为对应元素的属性设置选项 • 分组管理▦：显示当前矩表的数据分组信息
设计区	设计器界面的中间部分，是报表设计的工作区。可以从工具箱拖放报表元素至设计区，然后设置其选项
属性设置和数据绑定面板	属性设置和数据绑定面板，单击后可进行切换设置 属性设置面板：报表全局或设计区当前选中元素的各项属性，根据设计区当前元素类型不同，选项设置内容会有变化 数据绑定面板：设置报表使用的数据集和数据集查询参数 单击右侧的▷可以折叠/展开侧面板
其他设置	其他设置包括网格开关、网格设置、缩放、尺寸单位和属性设置模式 ▦：默认为开启状态，单击后可关闭网格模式 U：设置网格大小、对齐及自动对齐 － 100% ＋：设置设计区的缩放 ✿ 属性设置模式：可选择基础属性设置模式或高级属性设置模式 选择"高级属性设置"后，面板将显示当前元素可用的所有选项；选择"基础属性设置模式"，可隐藏不常用的选项

设置报表全局属性，如图 5-31 所示。

单击设计区的灰色区域，使设计区不选任何报表元素时，右侧的属性设置面板显示的是整个报表的全局设置属性。

可以设置背景颜色、背景图片、报表页面外框线粗细、线形、颜色等。

（2）常用操作。

报表由多种报表组件组成，创建报表时将报表控件拖曳至设计区后，需要对其进行设置调整后，才能满足需求。最常用到的两种基本操作就是"选中组件"和"数据绑定"。

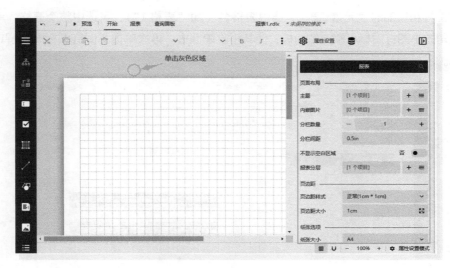

● 图 5-31

选中组件后，可以进行位置移动、大小调整、属性设置等操作。进行数据绑定后，才可以使组件显示出实际的数据。

（3）选中组件。

点选：选中表格中的任意单元格，然后单击左上角出现的十字星标即可选中整个表格（除表格和距表以外，其他的控件直接单击即可选中整个组件），如图 5-32 所示。

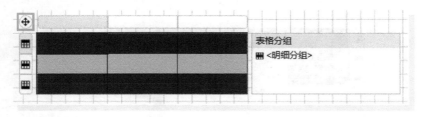

● 图 5-32

框选：拖动鼠标进行框选操作，如图 5-33 所示。

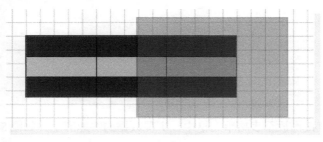

● 图 5-33

单击工具箱顶部的"元素管理",选中表格名(如"表格1"),可选中整个表格。单击元素管理右上角的小图钉图标可锁定侧面板,使其不收缩回去。再次单击小图钉图标即可解锁,如图5-34所示。

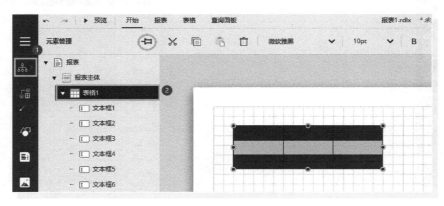

● 图 5-34

(4)数据绑定。

为报表组件进行数据绑定的前提是已经为报表添加了数据源。

支持三种数据绑定的方式,不同的组件支持的种类个数不同,以下以表格为例进行介绍。

选中表格单元格,单击单元格内右侧的□,选择数据集中的字段进行绑定,如图5-35所示。

● 图 5-35

将数据集字段直接拖放至表格单元格中,实现数据的快速绑定,如图5-36所示。

选中表格的单元格后,在右侧选项设置面板中,单击"数据"后的■,绑定数据或者表达式，如图 5-37 所示。

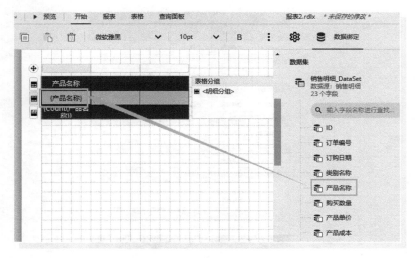

● 图 5-36

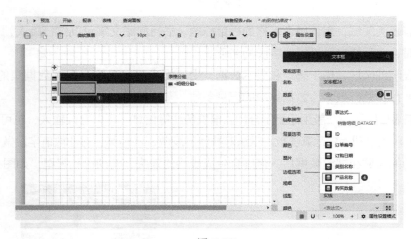

● 图 5-37

❷ 使用表格组件设计报表

表格是报表中最常用的组件之一，主要用于制作以行和列来组织数据的二维表类报表。

与报表中的另一个组件矩表相比，表格的最大特点是列数相对固定，即设计状态下的列数与最终生成的报表表格列数相同。

表格一般由表头、明细行和表尾组成。其中，表头通常用来显示列标题；明细行用来显示具体数据；表尾用来显示合计及备注信息，如图 5-38 所示。

新添加到报表设计区的表格默认为三行三列，9 个单元格，每个单元格中有一个文本框。

这三行代表了表格的三个功能区域，即表头区域、明细区域和表尾区域。

订单编号	类别名称	产品名称	购买数量	订单金额
DD000045	生鲜蔬果	产品032	13	901.55
DD000046	生鲜蔬果	产品001	7	179.2
DD000046	综合商品	产品011	7	132.72
DD000047	生鲜蔬果	产品038	19	771.21
DD000047	饮料烟酒	产品021	5	423.15
DD000047	饮料烟酒	产品047	10	940.9
DD000047	食品副食	产品031	20	1231.2
DD000048	饮料烟酒	产品003	15	900.9
DD000048	饮料烟酒	产品021	15	627
DD000048	日用百货	产品034	6	28.8
DD000049	食品副食	产品007	2	75.68
DD000997	文体办公	产品015	13	70.07
DD000998	生鲜蔬果	产品001	4	188
DD000998	文体办公	产品029	2	72.96
1000	1000	1000	1000	1000

表头 / 明细行 / 表尾

● 图 5-38

首行代表表头区域，用于显示表格的栏目标题。栏目标题文字可以自行输入，也可以在绑定数据字段时，由系统自动设置为字段的名称。

次行代表明细区域，用于绑定和显示数据。生成报表时，系统会根据数据集的记录条数，自动生成为多行，总行数即为数据集中的记录条数。

末行代表表尾区域，一般用于显示合计、报表备注等信息。可以自行输入，也可以在绑定数据字段时，由系统自动添加运算函数。默认对数值字段做 Sum 运算，对非数值字段做 Count 运算。

这三个功能区域在绑定数据后，最终会生成表格的表头、明细行和表尾，如图 5-39 所示。

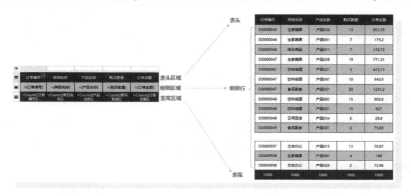

● 图 5-39

在报表设计器的工具箱中，选中表格组件，通过拖曳或点击的方式将其添加到设计区。

表格的核心功能是展示数据，而具体如何进行展示，则取决于绑定了哪些数据。

使用鼠标单击鼠标右键最后一列的一个单元格，在弹出的菜单中选择"列操作"中的"在右侧插入列"命令，将数字调整成"3"，添加 3 列，然后单击"在右侧插入列"命令，就会插入 3 列，如图 5-40 所示。

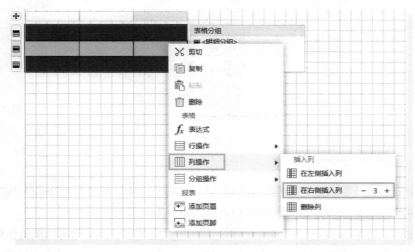

• 图 5-40

在表格明细区域的单元格中，单击右侧的小方块按钮，然后在下拉列表中选择数据集的字段完成数据绑定，如图 5-41 所示。

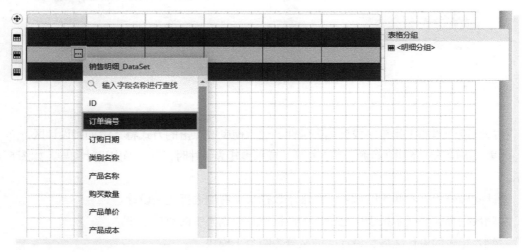

• 图 5-41

完成数据绑定后，预览报表时就会根据数据集中的原始数据进行自动扩展，如图 5-42 所示。

订单编号	销售大区	销售省份	购买数量	产品单价	订单金额
DD000045	华北	北京	13	73	901.55
DD000046	西北	青海省	7	32	179.2
DD000046	西北	青海省	7	24	132.72
DD000047	西北	陕西省	19	41	771.21
DD000047	西北	陕西省	5	93	423.15
DD000047	西北	陕西省	10	97	940.9
DD000047	西北	陕西省	20	76	1231.2
DD000048	华东	浙江省	15	78	900.9
DD000048	华东	浙江省	15	44	627
DD000048	华东	浙江省	6	5	28.8
DD000049	华东	浙江省	2	43	75.68
DD000049	华东	浙江省	13	89	1041.3
DD000049	华东	浙江省	12	30	352.8
DD000049	华东	浙江省	16	59	934.56

● 图 5-42

❸ 使用矩表组件设计报表

矩表用来显示按行和列进行分组的数据汇总，适用于行和列都是由数据动态构成的交叉分析表。最常见的应用场景为数据横向转置和数据的多维度交叉分析。

矩表与表格最关键的区别在于矩表的行和列都可以动态扩展，而表格的列则是相对固定的。

下图 5-43 为矩表分别在设计和预览时的状态。可以看出从设计到预览，矩表的行和列根据所绑定字段的实际值进行了行和列方向上的动态扩展。

● 图 5-43

在报表设计器的工具箱中找到矩表组件，通过拖曳或点击的方式将其添加到设计区。

如果报表中已经添加数据源，那么在单击或拖曳矩表组件时，则会弹出设计向导，如图 5-44所示。

设计向导分为左右两大区域：左侧展示数据集、右侧进行矩表设计。

左侧数据集区域显示报表中已添加的数据集及数据集中的数据字段。

右侧为矩表的设计区域，设计区域又分为四个小模块。

选项：主要完成矩表的汇总统计、样式和结构等与外观显示相关的设置。

行分组、列分组：用于绑定行分组字段和列分组字段。实际生成报表时，系统会根据数据集中的分组字段进行扩展，可添加多个字段。

数值：用于绑定数据。实际生成报表时，会根据行分组和列分组进行统计显示，每个数据都是同时满足所在行分组和列分组的交叉统计数据，可添加多个数值字段。

进入设计区后，选中矩表组件的任意单元格，然后单击右上角的设置按钮，即可打开设计向导，如图 5-45 所示。

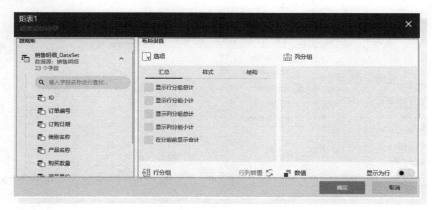

● 图 5-44

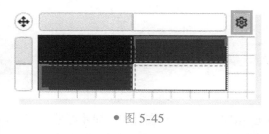

● 图 5-45

实际操作时将左侧数据集中的数据字段拖曳到设计区的"行分组""列分组"和"数值"中完成矩表的数据绑定。

然后通过点选操作调整汇总、样式和结构等完成整个矩表的设计，如图 5-46 所示。

设计向导中还可以调整数据格式、数值的运算方式，以及添加分组排序。

（1）分组字段。

分组字段中支持绑定多个字段。

在绑定到向导中的字段右侧可以看到三个小图标按钮，可以对绑定的字段进行进一步的配置。

对于绑定到行列分组的字段，可进行排序、调整数据格式（支持货币、小数、常规、数字和百分比）、删除分组字段。

（2）数值字段。

对于绑定到数值中的字段，可修改运算方式（支持求和、计数、最大值、最小值和平均值）、调整数据格式（支持货币、小数、常规、数字和百分比）、删除数值字段。

（3）选项。

一般绑定完数据后，即可设计矩表的外观样式结构等。

汇总：用于勾选显示的行列分组小计、总计等。

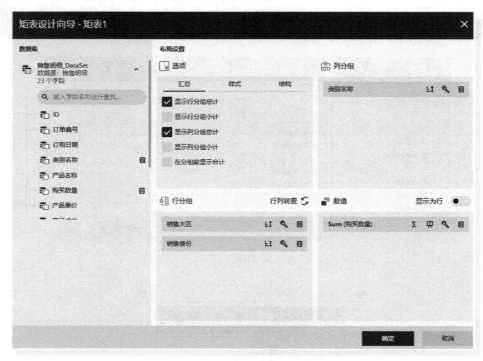

• 图 5-46

汇总数据默认显示在分组内容后，如需在分组前显示汇总，则可勾选最后一个选项"在分组前显示合计"，如图 5-47 所示。

样式：用于选择矩表的主题色，如图 5-48 所示。

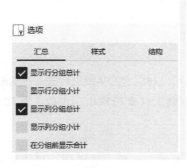

• 图 5-47

• 图 5-48

结构：用于设置矩表结构相关的选项，如图 5-49 所示。

勾选"开启展开/折叠分组功能"：当行列分组中有多个字段时，可以勾选此项，预览时手动折叠或展开分组，如图 5-50 所示。

勾选"开启列头排序"，预览时每列的列头上都会出现排序按钮，单击其可进行正序和倒序排序。

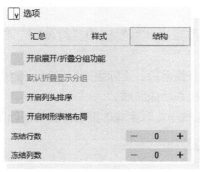

● 图 5-49

销售大区	销售省份	生鲜蔬果	综合商品	饮料烟酒	食品副食	日用百货
华北	北京	275	201	238	207	105
西北	青海省	227	186	179	240	217
	陕西省	224	156	287	335	176
	甘肃省	63	167	146	55	129
华东	浙江省	224	125	192	175	120
	山东省	155	154	127	232	81
	安徽省	253	169	133	187	115

● 图 5-50

冻结行列：设置冻结行列的数。

如果未使用矩表的设计向导，则会在报表中直接添加一个空白的矩表。空白矩表默认为两行两列，4 个单元格，每个单元格中有一个文本框。

这 4 个单元格行代表了矩表的 4 个功能区域，即表角区域、列分组单元格、行分组单元格和数据区域，如图 5-51 所示。

销售大区	销售省份	文体办公	日用百货	生鲜蔬果	综合商品	食品副食
华北	北京	141	105	275	201	207
西北	青海省	137	217	227	186	240
	陕西省	196	176	224	156	335
	甘肃省	138	129	63	167	55
华东	浙江省	209	120	224	125	175
	山东省	207	81	155	154	232
	安徽省	121	115	253	169	187

● 图 5-51

（4）表角区域。

一般用于显示表格中固定不变的标题等信息。可以自行输入，也可以绑定数据源中的数据字段。当绑定数据字段时，会自动进行聚合运算（默认对数值字段做 Sum 运算，对非数值字段做 Count 运算）。在实际生成报表时，该区域不会发生扩展，属于静态区域。

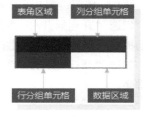

● 图 5-52

（5）行/列分组单元格（对应设计向导中的"行分组"和"列分组"）。

用于绑定行分组字段和列分组字段。实际生成报表时，系统会根据数据源中的分组字段进行扩展。这两个区域即矩表的核心功能区域。

矩表的行/列分组单元格区域与实际生成的报表对应关系如图 5-52 所示。

类别名称 / 销售大区	生鲜蔬果	综合商品	饮料烟酒	食品副食	日用百货	文体办公	汇总
华北	275	201	238	207	105	141	1167
西北	514	509	612	630	522	471	3258
华东	632	448	452	594	316	537	2979
东北	150	88	33	106	40	63	480
华中	222	80	117	76	101	102	698
华南	203	177	243	239	172	330	1364
西南	157	59	60	104	102	73	555
汇总	2153	1562	1755	1956	1358	1717	10501

● 图 5-52

（6）数据区域（对应设计向导中的"数值"）。

数据区域即图中白色底纹的区域，用于绑定和显示数据。实际生成报表时，会根据行分组和列分组进行统计显示，每个数据都是同时满足所在行分组和列分组的交叉统计数据。

❹ 使用图表组件设计报表

图表也是报表中常用的一个组件，它以图形的形式显示数据，使用户更容易快速理解大量数据。本节详细介绍在报表中如何使用图表组件。

报表中提供了丰富的图表类型，可以根据实际的数据信息选择最佳的显示方案。

图 5-53 是图表组件在报表中的显示效果（以柱形图为例），从图中可以看出图表一般由标

题、坐标轴、数据，以及图例等组成。

报表中针对图表组件提供了丰富的图表样式供大家根据实际需要选择使用，如图 5-54 所示。表 5-3 为各种图形说明。

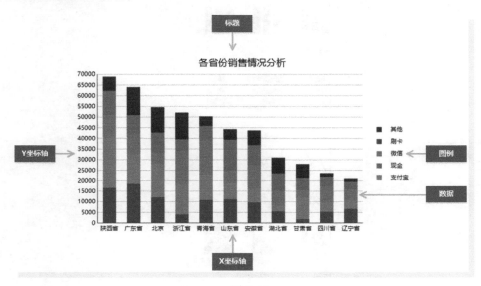

● 图 5-53

表 5-3　各种图形说明

图　　表	描　　述
柱形图	柱形图、堆积柱形图、百分比堆积柱形图
条形图	条形图、堆积条形图、百分比堆积条形图
折线图	折线图、曲线图
面积图	面积图、堆积面积图、百分比堆积面积图
饼图	饼图、圆环图
极坐标柱状图	极坐标柱状图、极坐标堆叠柱状图、极坐标百分比堆叠柱状图
极坐标条形图	极坐标条形图、极坐标堆叠条形图、极坐标百分比堆叠条形图
其他图表类型	折线图、曲线图、饼图、圆环图、锥形图、漏斗图、气泡图、散点图、甘特图、面积图、堆积面积图、百分比堆积面积图（锥形图、漏斗图、气泡图、散点图、甘特图、开盘-盘高-盘低-收盘图、盘高-盘低-收盘图、盘高-盘低-开盘-收盘图）

❺ 切换图表类型

将图表组件添加到报表设计器中后，可以通过以下方法切换图表类型。

选中图表，在报表设计器的工具栏选择"图表-图表类型"，在列出的所有图表类型中选择要切换的图表类型即可，如图 5-55 所示。

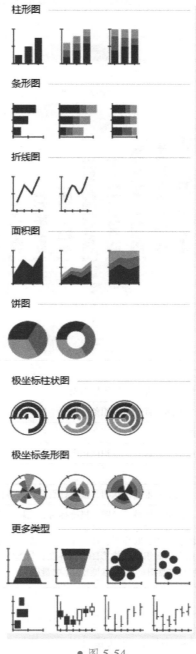

● 图 5-54

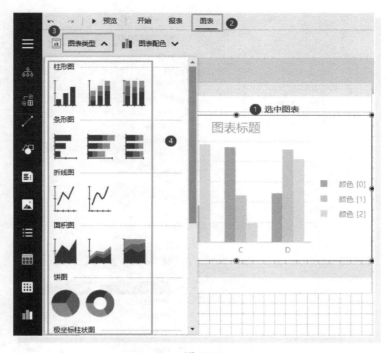

● 图 5-55

▶▶5.1.4　主子报表

子报表组件以子报表的形式显示其他报表的内容，可以从主报表中将参数传递给子报表，以实现数据过滤。

需要注意的是每个子报表都以单独的报表运行，当处理大数据报表时，这种方案可能会影响到运行速度。本节介绍子报表的常用设置与操作方法。

（1）添加子报表组件。在工具箱中选中子报表，将其拖放到设计区。

（2）设置子报表内容。在属性设置面板中找到"常规选项"下的"报表名称"，单击下拉箭头，然后选择需要嵌入的子报表，如图 5-56 所示。

如果选择的子报表中带有参数，则会自动映射到下方。此时，单击列表按钮即可展开参数列表，对参数进行设置。

可以直接为参数指定固定值，也可以单击右侧的小方块按钮设置表达式。

（3）子报表属性设置。单击工具箱顶部的"元素管理"，选中子报表名（如"子报表1"），或直接选中整个子报表，进行子报表选项设置，如图 5-57 所示。

（4）预览报表，如图 5-58 所示。

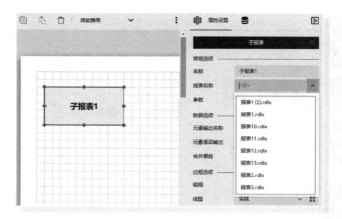

● 图 5-56

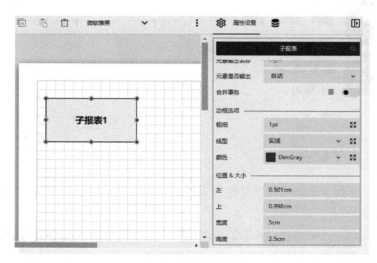

● 图 5-57

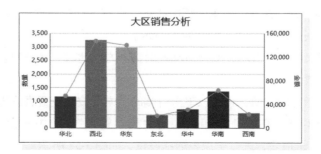

● 图 5-58

▶▶ 5.1.5 报表参数和数据过滤

实际使用报表时，通常并不需要将数据库中所有的数据都呈现出来，而是根据一些设定的条件过滤出需要的数据，这就是报表的数据过滤。

❶ 报表参数

（1）描述。

报表参数是报表中最常用的数据过滤来源，添加了报表参数后，预览报表时，会出现一个参数输入框，提示用户输入参数值。

（2）添加报表参数。

在报表设计器的右侧，打开数据绑定面板后，单击报表参数区域的"添加"，如图 5-59 所示。

● 图 5-59

单击报表参数列表中出现的新条目"报表参数 1"，面板中将显示报表参数的详细设置信息。

例如将参数名称修改为"销售大区"，提示文本修改为"请输入销售大区："，数据类型设置为"字符串型"，然后单击设置面板左上角的返回箭头，如图 5-60 所示。

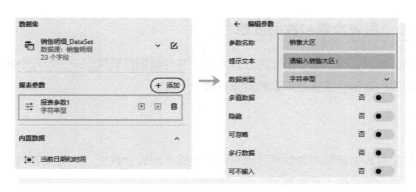

● 图 5-60

报表参数编辑面板中各设置项的含义如下：

参数名称：为报表参数设置名称，用于参数识别。

提示文本：预览报表时，在参数面板中的提示信息。

数据类型：按照实际情况选择参数值的数据类型。支持布尔型、日期型、日期时间型、整型、浮点型、字符串型。

当选择数据类型为日期型或日期时间型时，单击参数面板输入框，会自动加载日历控件，更方便用户输入使用。

多值数据：当报表参数值为多选时，需开启多值数据功能。

隐藏：开启后将隐藏参数面板，一般用于参数自动传值等不需要用户输入的场景。开启隐藏功能时，必须要设定默认数据。

可忽略：该参数可以为空值。可利用表达式 IsNothing（）来判断是否为空，进行动态数据过滤。

多行数据：字符串型参数特有属性，用户在参数上可以输入多行文本。

可不输入：字符串型参数特有属性，表示该文本可以为空字符串""，可用来进行动态数据过滤。

可用数据：实现参数下拉列表时使用。可用数据即用于下拉列表中的数据，可以来自于一个数据集，也可以手动添加。如果选择来自于数据集，则需要设定数据集、数据字段和标签字段。其中，"数据字段"的值将作为传给数据集 SQL 语句的实际参数值；"标签字段"的值则是显示在下拉列表框中的字符串。下图为可用数据的应用效果。

默认数据：设定报表参数的默认值。默认值可以来自于数据集中的数据字段，也可以进行手动添加。如果为报表参数设定了默认数据，首次打开报表，则不需要用户输入，而直接显示查询结果。

当查询参数较多时，可以单击查询参数右侧的上下箭头来调整查询参数的显示顺序，如

图 5-61 所示。

• 图 5-61

　预览报表，可以看到出现了一个参数输入框。但此时并没有将报表参数用于实际的数据过滤中。可以将报表参数用于数据过滤，也可以直接将报表参数拖曳到报表中直接显示参数值，如图 5-62 所示。

• 图 5-62

❷ 数据过滤

（1）描述。

报表中支持组件过滤的组件包括：表格、图表、矩表和列表，通常称这 4 种组件为"数据区域组件"。

（2）数据过滤。

以一个没有添加任何数据过滤处理的简单报表为例，通过在表格组件上添加数据过滤条件，实现数据按销售大区进行过滤的效果。

添加一个表格，绑定字段，如图 5-63 所示。

销售大区	销售省份	销售城市	类别名称	产品名称	购买数量	订单金额
{销售大区}	{销售省份}	{销售城市}	{类别名称}	{产品名称}	{购买数量}	{订单金额}
{Count(销售大区)}	{Count(销售省份)}	{Count(销售城市)}	{Count(类别名称)}	{Count(产品名称)}	{Sum(购买数量)}	{Sum(订单金额)}

• 图 5-63

添加报表参数。打开报表设计器右侧的数据绑定面板，单击"报表参数"区域的"添加"，如图 5-64 所示。

● 图 5-64

报表参数列表中将出现一个新条目"报表参数 1"，单击该条目，面板中将显示报表参数的详细设置信息。

这里将参数名称修改为"销售大区"，提示文本修改为"请输入销售大区："，数据类型设置为"字符串型"。设置完成后，单击设置面板左上角的返回箭头，如图 5-65 所示。

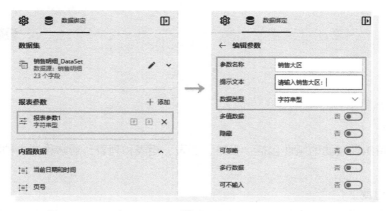

● 图 5-65

添加数据过滤条件。选中整个表格组件，打开属性设置面板。单击"数据过滤条件"项目后的"添加过滤"，如图 5-66 所示。

配置过滤条件。可以直接选择数据集中的字段，也可以选择"表达式"添加复杂的表达式；另外还可以选择添加分组，来添加一个过滤条件组。

各过滤条件以及过滤组之间可以通过顶端的"与""或"按钮来配置关系，从而满足各种过滤需求，如图 5-67 所示。

● 图 5-66 ● 图 5-67

单击运算符可展开运算符列表，选择需要的运算符，如图 5-68 所示。

● 图 5-68

配置运算符右侧的数据来源。此时可以选择一个已有的报表参数；或者快速新建一个报表参数并直接使用；也可以添加一个表达式，如图 5-69 所示。

本例中想要按照输入的值来过滤销售大区，所以配置如图 5-70 所示。

● 图 5-69

● 图 5-70

预览报表。在参数面板中输入大区名"西北"后，单击"预览"按钮，如图 5-71 所示。

● 图 5-71

过滤出与西北相关的数据，如图 5-72 所示。

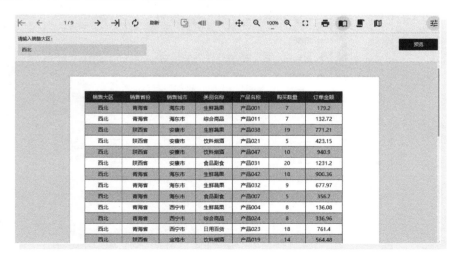
● 图 5-72

③ 说明

可以添加多个参数，设定多个条件进行数据查询。

例如添加"销售大区"和"类别名称"两个参数，如图 5-73 和图 5-74 所示。

● 图 5-73

● 图 5-74

预览报表时，需要同时输入销售大区和类别名称，就能查询出同时满足这两个条件的数据，如图 5-75 所示。

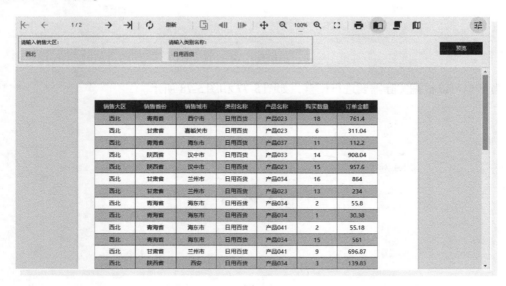

● 图 5-75

5.2 可视化大屏设计

一张优秀的可视化数据大屏不仅要美观，吸引眼球，更重要的是布局合理，重点突出，服务于企业业务数据。只有这样，才能清晰地获取数据信息，轻松地与数据对话。

▶▶ 5.2.1 设计大屏

① 页面布局、划分

核心数据图表一般安排在中间位置，占较大面积；其余数据图表按照优先级，依次在核心指标周围展开，如图 5-76 所示。一般把有关联的指标相邻或靠近，把图表类型相近的指标放在一起，这样能减少观者认知上的负担，并提高信息传递的效率。

● 图 5-76

当然也可以根据实际需要进行调整，如图 5-77 和图 5-78 所示。

● 图 5-77

总之，重要的指标要放大一些，这样可以使读者迅速定位到关键信息。然后通过周边的指标来进一步分析数据。

实际使用中，可以将图中的次要指标分成多个小的组件元素来使仪表板更加丰富。

❷ 配色

大屏更倾向于选用深色调背景，不仅为了让视觉更好聚焦，而且长时间观看之后，眼睛也不会出现刺痛感。基于此，所有图表的配色皆以深色系为背景，保证数据明度与色调的和谐统一。

❸ 色不过三

不超过三种颜色的搭配，是指不超过三种色相的搭配。比如红、黄、蓝属于三种色相，而深红、浅红、粉红，就属于同一种色相（红色）的不同明度。

▶▶ 5.2.2 开发驾驶舱实践

为了丰富和体现数据化大屏氛围，需要准备一些可视化大屏的元素。前期准备：素材、整体的背景图，以及大屏中用到的内容框和小图标元素。

下面来看大屏仪表板，它主要由以下几个部分构成：

顶部的标题部分、各区域的销售额，中间的地图和周边的多维度指标。接下来搭建起这样一个仪表板的框架。

❶ 制作标题

（1）添加整体背景，如图 5-79 所示。

（2）添加一个图片组件，用作标题背景，选择内置的共享图片，如图 5-80 所示。

（3）在标题背景图片上合并页面单元格，并修改单元格标题文字、字体颜色，如图 5-81 所示。

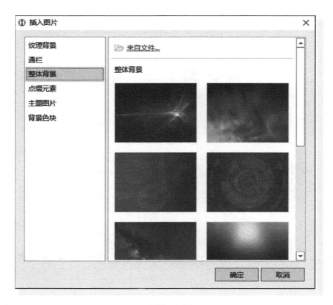

● 图 5-79

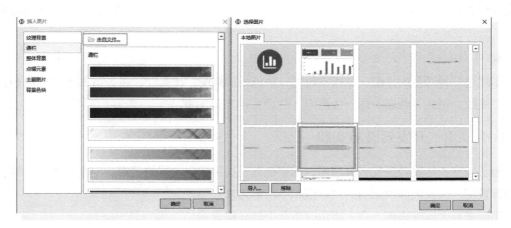

● 图 5-80

● 图 5-81

（4）通过添加不同的背景图，生成最终的布局，如图 5-82 所示。

这样一来，主要的布局就出来了。接下来就可以绑定数据了。

● 图 5-82

2 绑定数据

在活字格中，插入图表时可选择的数据源有三种：单元格数据、表格数据和数据透视表数据。

通过使用辅助表格的方式，可以将数据按照不同的维度进行统计，从而获取仪表板所需要的数据集，丰富驾驶舱数据。

练习题 1：

创建一个干部任免审批表，包含个人信息、学历、教育经历等字段，使用活字格报表功能，开发出一个如图 5-83 所示的个人简历报表页面。

练习题 2：

结合第 4 章的作业内容，完成如图 5-84 所示的效果，从产品分类、销量、利润等多个方面，设计产品信息的分析大屏。

干部任免审批表

该模板展示了使用矩表控件，进行跨行和跨列的单元格合并，从而实现Word文档类的表格绘制功能，并且通过使用报表层概念实现印章功能。

干部任免审批表

姓名	许天武	性别	男	出生日期	1970/1/2 0:00:00	
民族	汉族	籍贯	陕西	出生地	西安	
入党时间	1992/7/1 0:00:00	参加工作时间	1993/1/10 0:00:00	健康状况	身体健康	
专业技术职务		副总经理		个人专长		
学历学位	全日制教育	北京科技大学		毕业院校系及专业	航空自动化	
	在职教育	北京大学		毕业院校系及专业	MBA课程	

现任职务	副总经理
拟任职务	总经理
拟免职务	

简历	1、2011/01/01-2016/05/01 任集团副总经理；2、2001/05/04-2011/12/31 任集团生产部主任；3、1993/01/10-2001/05/03 任集团生产一车间员工；4、1988/09/01-1992/07/01 就读于北京科技大学
奖惩情况	1、2012/12/31 全国创新管理实践者；2、2009/05/01 五一劳动奖章；3、2005/05/04 市级优秀青年；4、2000/05/01 任集团生产能手
年度考核结果	优秀
任免理由	
呈报单位	
审批机关意见	

* 图 5-83

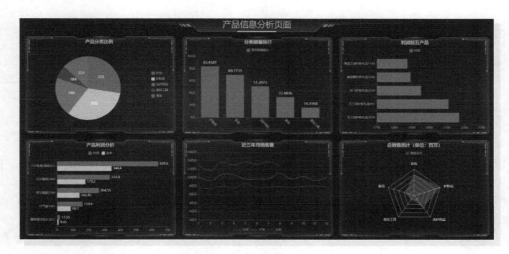

• 图 5-84

请使用活字格完成以上页面的设计。

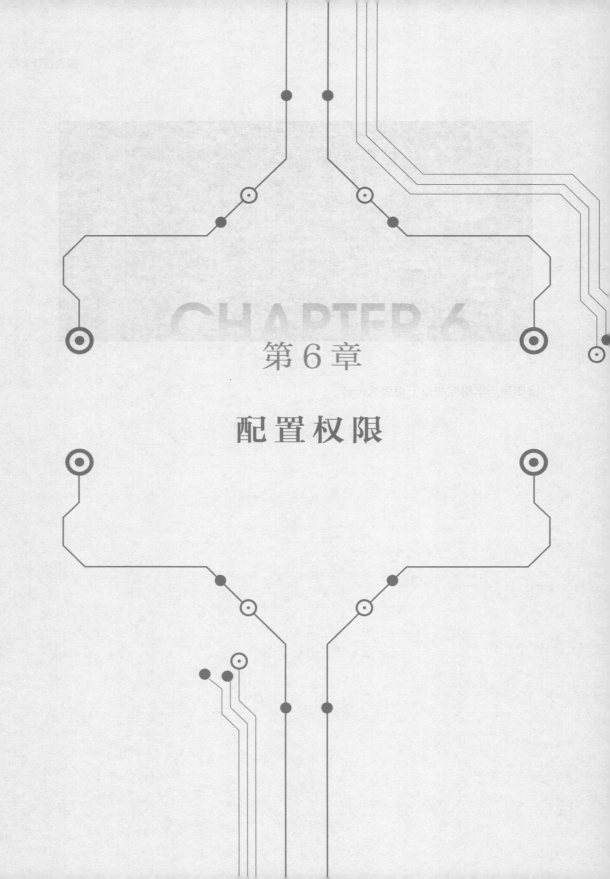

CHAPTER 6

第6章

配置权限

在之前的几个章节中，已经了解了数据库、页面、服务端逻辑，以及报表的设计，但对于一个完整的系统，还缺少了非常重要的模块——用户管理和权限管理。那么本章将针对活字格中的用户和权限模块进行详细讲解。

6.1 理解基于角色的权限控制

在活字格中，为大家提供了完整的用户管理模块，同时也提供了完善的权限控制功能，只需要简单配置一些参数，即可实现复杂的功能逻辑，很大程度上为开发者节约了开发成本。

▶▶ 6.1.1 理解设计器与服务端

大多数网站都需要访问者使用账户登录后，再进行一些操作。这个时候就需要系统中预置一个用户管理模块。在活字格中，已经提供了功能完备的用户管理模块，只需要开发者做一些简单的参数配置，即可投入使用。

在活字格中，有两种不同类型的管理平台：设计器的用户管理平台和管理控制台。

前者存储和控制着设计阶段使用的测试用户等数据，而后者则存储和控制着应用发布后的用户等数据信息。

❶ 设计器的用户管理平台

打开设计器，依次选择"安全"中的"用户管理"，进入设计器的用户管理平台，即开发时的用户账户管理平台，如图 6-1 所示。

● 图 6-1

默认注册的管理员账号的用户名为 Administrator，密码为 123456。

每个工程文件都有一个自己的开发时用户账户管理平台，也就是说只要是用户账户管理平台中存储的信息，在不同工程文件之间是完全独立的。

❷ 管理控制台

在安装有活字格服务管理器的计算机上，双击活字格服务管理器图标，进入管理控制台，如图 6-2 所示。

● 图 6-2

服务端默认注册的管理员账号的用户名为 Administrator，密码为 123456。

在管理控制台创建的用户、设置的用户信息及邮件服务器配置，应用正式上线后可直接使用。

在开发时用户账户管理平台创建的用户、配置的组织结构及邮件服务器信息，只能在应用测试及开发时使用。

当应用正式上线发布后，则不能使用此平台创建的用户登录使用应用，也不能使用此时配置的邮件服务器发送邮件。

如果已经在设计器中创建好用户的相关信息，可以在发布应用时，勾选"发布账户"中的子项，如图 6-3 所示。这样设计器端用户管理中的相关数据就会同步至服务管理控制台端。

● 图 6-3

▶▶6.1.2 用户设置

在设计器的用户管理平台创建用户与正式上线后的管理控制台，二者创建用户方式相同，这里以管理控制台创建用户为例子，来介绍创建用户的操作。

注意：在管理控制台添加用户，需要先添加服务器许可及用户认证许可。

打开活字格管理控制台，依次选择"内建用户"中的"用户"，窗口右侧区域将显示所有已添加用户，如图 6-4 所示。其中 Administrator 为默认添加的用户，不允许删除。

● 图 6-4

① 添加用户

单击用户列表上方的"添加用户"按钮，在弹出的"添加用户"对话框中，选择验证用户模式添加用户。

（1）Forms 身份验证用户。

Forms 身份验证用户需要手动创建。在对话框中，填写用户名、全名、密码、确认密码、电子邮箱后，单击"确定"按钮即可，如图 6-5 所示。

注意：用户名、密码、确认密码、电子邮箱均为必填项。默认的密码策略为：至少包含 6 个字符，必须是字母、数字或符号。

● 图 6-5

（2）Windows 身份验证用户。

如果系统所在环境存在 Windows 域用户，在 Windows 验证用户页签中的输入框中输入搜索关键字，单击 Q 或按 Enter 键进行搜索，下方区域会显示出相关的 Windows 域用户。勾选需要添加的用户并单击"确认"按钮后即可成功添加，如图 6-6 所示。

● 图 6-6

注意：活字格支持多次搜索并勾选用户，最后单击"确定"按钮，一次性将所有所选用户进行添加，方便添加用户。

② 编辑和删除用户

如果想要编辑或删除某个已存在的用户信息，只需要将鼠标聚焦于该用户所在行，再单击最右端的 ✐ 或 ✖ 按钮进行操作，如图 6-7 和图 6-8 所示。

● 图 6-7

● 图 6-8

如果需要一次性删除多个用户信息，可以勾选用户名前的复选框，然后单击上侧的"删除用户"按钮，即可完成删除操作，如图 **6-9** 所示。

☐	用户名	全名	电子邮箱	用户类型	有效	角色	头衔
☐	Administrator	Administrator	example@example.com	普通账户	☑	Administrator	
☑	樊梦辰	樊梦辰	fanmengchen@example.com	普通账户	☑		
☑	赵蕾	赵蕾	zhaolei@example.com	普通账户	☑	首席技术执行官	

● 图 6-9

❸ 用户自定义属性

在活字格中，用户默认拥有用户名、全名、密码、确认密码、电子邮箱 5 个属性。如果用户需要有一些其他的属性，比如电话、家庭住址等，这时就可以使用到自定义属性功能，为用户添加新的属性。

在用户管理区域，选择"自定义属性"，界面上会列出所有的自定义属性。

单击"增加新的自定义属性"，在弹出的对话框中，设置属性名及类别。可设置用户型或文字型的自定义属性，如图 **6-10** 所示。

● 图 6-10

例如添加属性名为"头衔"，属性类别选择"文字型"。添加完成后，"Form身份验证用户"页签中就会出现刚才添加的自定义属性"头衔"。自定义属性为非必填项，添加用户时可以按需要填入。

练习：请将张三和李四两位成员加入到用户管理系统中，并填写必要的用户信息。

▶▶ 6.1.3　角色设置

在活字格中，角色用来表示一类用户，比如可以设置"管理员""部门经理"等。角色之间没有上下级关系，上下级关系在组织结构中体现（组织结构详见6.1.4）。

打开活字格管理控制台，依次选择"内建用户"中的"角色"，窗口右侧区域将显示所有已创建的角色，如图6-11所示。

● 图6-11

注意：在活字格中，所有的权限都是由角色进行控制的。如果想要控制用户的权限，只需要给用户分配拥有相应权限的角色即可。关于权限的相关内容会在6.2和6.3节中进行讲解。

❶ 添加角色

在角色列表上方单击"添加角色"按钮，在弹出的对话框中输入角色名，例如"事业部经理"，添加完成后"事业部经理"角色便会在列表中显示出来，如图6-12所示。

● 图6-12

❷ 编辑和删除角色

当需要修改或删除角色时，可以将鼠标聚焦于需要操作的角色名，然后单击编辑图标 ✎ 或删除图标 🗑 进行相应的操作，如图6-13和图6-14所示。

● 图 6-13

● 图 6-14

❸ 给角色中添加用户

添加角色后，需要给角色中添加成员。

首先选中某一角色，单击右侧的"添加成员"按钮，如图 6-15 所示。

● 图 6-15

在弹出的窗口中，选择需要添加用户的认证模式，然后在输入框中输入关键字，搜索到对应用户后，勾选该用户并单击"确认"按钮，即完成添加操作，如图 6-16 所示。

若要给一个角色一次性添加多个用户，可以多次搜索并勾选用户签名的复选框，最后单击"确定"按钮，一次性将所有所选用户进行添加，方便添加用户。

注意：如果需要检索"Forms 身份验证用户"，则选择"普通账户"。如果需要检索"Windows 验证用户"，则选择"Windows 域账户"。

❹ 修改用户的角色

当需要变更某一用户的角色时，只需要打开用户列表页面，将鼠标聚焦于该用户所在行，

单击右侧的 图标，或直接单击该用户的角色，即可为该用户添加新的角色或删除某些角色，如图 6-17 所示。

• 图 6-16

	用户名	全名	电子邮箱	用户类型	有效	角色	头衔
☐	Administrator	Administrator	example@example.com	普通账户	☑	Administrator	
☐	樊梦辰	樊梦辰	fanmengchen@example.com	普通账户	☑	事业部经理	
☐	赵蕾	赵蕾	zhaolei@example.com	普通账户	☑	事业部经理	首席技术执行官

• 图 6-17

练习 1：创建角色"部门经理"和"审计人员"，并将张三和李四两位成员分别添加到"部门经理"和"审计人员"角色下。

练习 2：修改李四的角色为"部门经理"，并删除"审计人员"这一角色。

▶▶ 6.1.4 组织结构设置

组织结构是用于表示组织内部层级关系的树形结构。从组织结构中，可以清晰地看到组织间的上下级关系，树结构上层组织节点中的用户为树结构下层组织节点中用户的组织上级（领导）。每个组织节点的具体意义由组织级别来决定。在同一组织节点的用户互相为平级关系，如图 6-18 所示。

① 设置组织节点

组织结构默认存在根节点"新机构 1"，根节点不可删除，如图 6-19 所示。

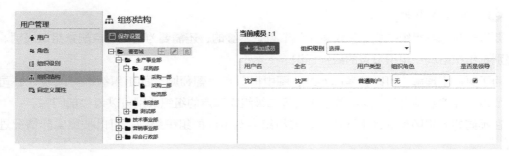

● 图 6-18

● 图 6-19

当鼠标聚焦于某一组织节点时，在节点右侧会显示出三个操作按钮。

单击 按钮，可以为该节点添加一个新的子节点，如图 6-20 所示。

单击 按钮，可以重命名当前节点，如图 6-21 所示。

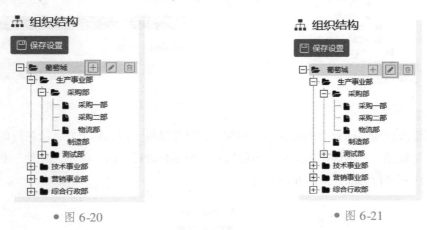

● 图 6-20   ● 图 6-21

单击 按钮，可以删除节点，如图 6-22 所示。

需要注意的是，删除某一节点时，同时会删除该节点下的所有子节点。

注意：设置或修改完组织节点后，需要单击上方的"保存设置"按钮，否则无法应用新的设置或修改。

② 设置组织级别

要进一步完善组织结构，只设置组织节点是不够的，还需要为这些节点配置组织级别。组织级别是组织结构中组织节点的级别标识。

为了更便于理解，可以参考图 6-22，图中根节点"葡萄城"的组织级别可以为"公司"，其子节点"生产事业部""技术事业部"等二级组织节点的组织级别可以为"部门"。

在不同的应用场景下，不同的公司或组织会有不同的组织级别，可以按照实际情况进行配置。

要为组织节点分配组织级别，需要先添加相应的级别名称。

在管理控制台的"内建用户"中的"用户管理"区域选择"组织级别"，单击"增加组织级别"按钮，在弹出的对话框中输入组织级别名，即可增加新的组织级别，如图 6-23 所示。

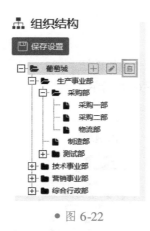

● 图 6-22

● 图 6-23

当需要修改或删除已有组织级别的名称时，将鼠标聚焦于该名称上方，所在行的右侧会出现"编辑" ✏ 按钮，单击该按钮便可对当前组织级别名称进行修改，单击"删除"按钮 🗑 便可对当前组织级别进行删除，如图 6-24 所示。

● 图 6-24

❸ 设置组织成员

当设置好所有组织节点，并完成组织级别的配置后，就需要向组织结构中添加组织成员了。

（1）选中一个组织节点，单击右侧的"添加成员"按钮，如图 6-25 所示。

• 图 6-25

（2）在弹出的"编辑成员"对话框中，选择对应用户即可。添加方式同 6.1.3 节中"给角色中添加用户"的操作方式相同。

（3）添加完成后，用户会显示在对应的组织节点下，如图 6-26 所示。

• 图 6-26

（4）如果需要删除组织成员，将鼠标聚焦于该用户所在行，单击右侧"删除"按钮 🗑 便可删除组织成员，如图 6-27 所示。

• 图 6-27

（5）成功添加组织成员后，可以为成员设置在当前组织中的角色。

同一成员可以在多个组织结构下，拥有不同的组织角色。如用户沈严不仅是公司董事长，同时也是生产事业部的部门经理。

那么在"葡萄城"节点下，添加有成员沈严，其组织角色为"董事长"，如图 6-28 所示。

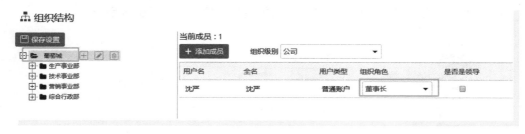

● 图 6-28

同时，在"生产事业部"节点下，也有成员沈严，其组织角色为"部门经理"，如图6-29所示。

● 图 6-29

注意：组织下拉框中显示的角色，取决于在用户列表中，用户属于哪些角色。只有为该用户配置有的角色，在组织结构页面才可以显示出来。

（6）最后，可以根据需要，设置用户是否为该组织节点的领导。如果勾选了"是否是领导"，表示该用户为该组织节点的领导，权限可以高于该组织节点下的其他用户，但是依然低于上层组织节点中的用户。

在组织成员所在行，勾选"是否为领导"操作列下的复选框，表示该用户为所在组织节点的领导，如图 6-30 所示。

● 图 6-30

这一步的设置，通常情况有助于对系统的各项权限做更精细的控制，具体关于权限的内容，将在接下来的小节中进行讲解。

6.2 数据权限

还记得在第 2 章中，已经详细了解了数据库相关的内容。本节将进一步针对数据层面的权限控制进行讲解。

活字格中可以设置的数据权限包括行权限、字段权限和创建记录权限。

在设计器数据表列表中打开需要设置数据权限的表，右边栏中就会出现对应的权限设置按钮，如图 6-31 所示。

• 图 6-31

▶▶ 6.2.1 行权限

行权限用于控制用户对数据表中行数据的操作权限。使不同用户可以有不同的权限去访问、编辑和删除表中的数据，起到数据保护的作用。

设置方法如下：

（1）双击打开需要设置行权限的数据表，在右边栏的表设置区域，单击"设置行权限"，如图 6-32 所示。

● 图 6-32

（2）勾选"开启行权限控制"，单击"添加授权"按钮，即可新增一行权限设置条件。选中一行权限控制，单击"删除授权"按钮即可删除，如图 6-33 所示。

● 图 6-33

（3）设置开启授权的用户。默认为"任何人"，可以展开下拉框选择合适的用户范围。下拉框中列有登录用户、记录创建者、记录创建者的上级、用户角色：Administrator、用户角色：经理、【采购员】的上级可供选择，如图 6-34 所示。

● 图 6-34

注意：这里的上级指的是在组织结构中当前组织成员中的领导。关于组织结构相关内容，在前面的章节已经做了讲解，这里不再赘述。

（4）设置行筛选的条件。单击 ▭，在弹窗中设置相应条件，例如设置条件为"采购员为登录用户"，如图 6-35 所示。

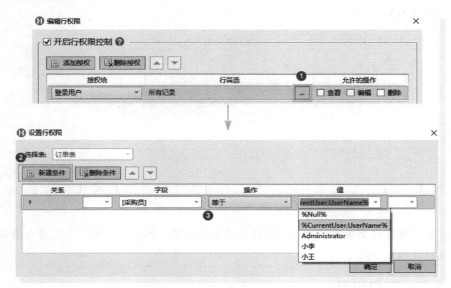

• 图 6-35

注意： 图 6-35 中，% CurrentUser. UserName% 为活字格中的关键字，代表当前登录用户的用户名。

（5）设置允许的操作，包括查看、编辑和删除，如图 6-36 所示。

• 图 6-36

（6）当数据表拥有子表时，可以直接勾选"使用主表权限的子表设置"，使子表和主表的权限保持一致，如图 6-37 所示。

• 图 6-37

设置完成并应用后，即可看到权限已经生效。因为设置的行权限是"采购员为登录用户"，所以当使用采购员小李的账号登录后，订单表中只会显示采购员字段为当前登录用户小李的订单，如图6-38所示。

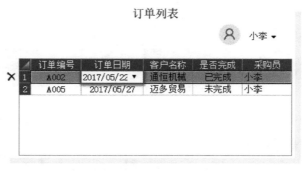

● 图 6-38

注意： 继续重复以上步骤，可以同时设置多条行权限。各条件之间取并集作为当前数据表的最终行权限范围。

▶▶ 6.2.2 字段权限

字段权限也称为列权限，用于控制用户对数据表中列数据的操作权限。设置字段权限，可以很好地控制用户对不同列数据内容的访问权限。

设置方法如下：

（1）双击打开需要设置行权限的数据表，在右边栏的表设置区域，单击"设置字段权限"，如图6-39所示。

● 图 6-39

（2）勾选"开启行权限控制"，单击"添加授权"按钮，即可新增一条权限设置条件。选中一行权限控制，单击"删除授权"按钮即可删除，如图 6-40 所示。

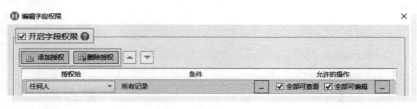

● 图 6-40

（3）设置授权给的用户。设置方法同行权限的设置方式类似，如图 6-41 所示。

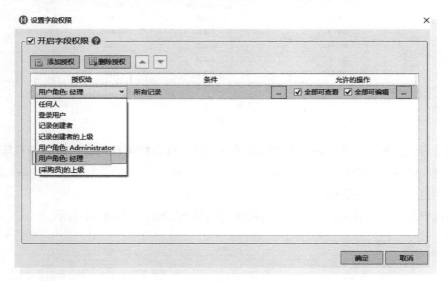

● 图 6-41

（4）设置字段筛选的条件。单击 ，在弹窗中设置相应条件。操作方法同行权限中的设置类似，如图 6-42 所示。

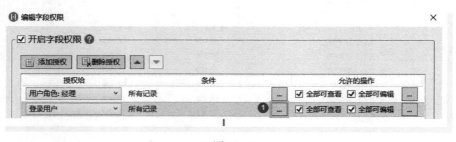

● 图 6-42

（5）设置允许的操作，包括全部可查看和全部可编辑。

单击 ，会在对话框中列出所有的字段和该表的子表，设置单个字段和子表的操作权限，如图 6-43 所示。

● 图 6-43

可以重复以上步骤，设置多个字段权限授权条件。同行权限相同，当有多条权限授权时，各条权限之间取并集作为最终权限限制范围。

下面通过一个例子来帮助理解。

希望这个需求可以通过设置三条字段权限的授权来实现，如图 6-44 所示。

● 图 6-44

第一条为"经理"角色，可以查看和编辑所有的字段；

第二条为当前登录用户对应采购员时，可以查看和编辑所有字段。

第三条为任何人可以查看并编辑除"客户名称"字段外的所有记录。

那么可以一起看一下，上述例子在页面中的显示效果如何。

使用用户小李登录，小李为经理角色，登录后能看到所有订单的数据，包括客户名称字段，如图 6-45 所示。

订单列表

👤 小李 ▾

	订单编号	订单日期	客户名称	是否完成	采购员
1	A001	2017/05/19	国顶公司	已完成	小张
2	A002	2017/05/22	通恒机械	已完成	小李
3	A003	2017/05/23	森通	未完成	小王
4	A004	2017/05/24	光明产业	未完成	小赵
5	A005	2017/05/27	迈多贸易	未完成	小李
6	A006	2017/06/05	祥通	已完成	小王
7	A007	2017/06/06	广通	未完成	小赵

● 图 6-45

使用小王登录，小王不是经理角色，登录后能查看所有的订单，但只能看到采购员为自己的所有订单的客户名称字段数据，其他的订单不能看到客户名称字段数据，如图 6-46 所示。

订单列表

👤 小王 ▾

	订单编号	订单日期	客户名称	是否完成	采购员
1	A001	2017/05/19		已完成	小张
2	A002	2017/05/22		已完成	小李
3	A003	2017/05/23	森通	未完成	小王
4	A004	2017/05/24		未完成	小赵
5	A005	2017/05/27		未完成	小李
6	A006	2017/06/05	祥通	已完成	小王
7	A007	2017/06/06		未完成	小赵

● 图 6-46

▶▶ 6.2.3 创建记录权限

给数据表设置创建记录权限，控制用户或角色可以创建记录的权限。

设置方法如下：

（1）双击打开需要设置创建记录权限的数据表，在右边栏的表设置区域，单击"设置创建记录权限"，如图 6-47 所示。

● 图 6-47

（2）勾选"开启创建记录权限"，单击"增加权限"按钮，即可新增一条权限设置条件。选中一行权限控制，单击"删除权限"按钮即可删除，如图 6-48 所示。

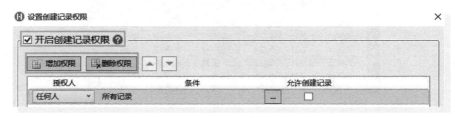

● 图 6-48

（3）设置授权给的用户。默认为"任何人"，单击下拉箭头可选择登录用户和用户角色。例如这里设置为登录用户，如图 6-49 所示。

● 图 6-49

（4）设置条件。单击 ⬚，在弹出的对话框中设置条件，例如设置条件为"订单日期大于 2019/1/1"，如图 6-50 所示。

（5）按需要设置是否允许创建记录，勾选复选框即可允许创建记录，如图 6-51 所示。

（6）设置完成后，运行页面并登录。

当添加订单日期大于 2019/1/1 的记录时，可以创建成功。而尝试添加订单日期小于 2019/1/1 的记录时，便会提示创建记录失败，如图 6-52 所示。

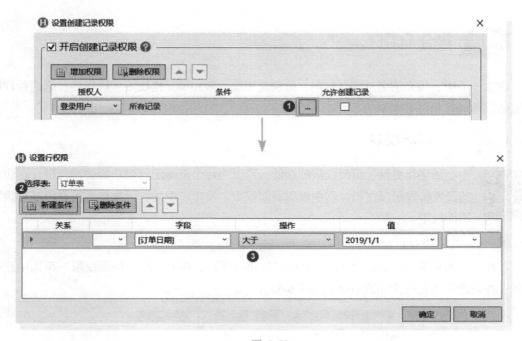

• 图 6-50

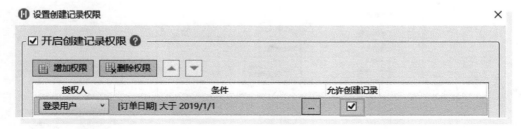

• 图 6-51

• 图 6-52

6.3 操作权限

在这一节中，将介绍另外两种权限，分别是页面权限和单元格权限。同样的，这两种权限设置依旧是通过角色来控制的。

▶▶ 6.3.1 页面权限

活字格提供了页面权限的功能，可以为每个页面配置用户的访问权限。在应用的开发阶段可以在设计器中设置页面权限，发布应用后，可直接在管理控制台设置页面权限。

① 在设计器设置页面权限

在功能区的菜单栏中选择"安全"中的"页面权限"，在弹出的"页面权限"页面中选择角色，并勾选该角色可访问的页面，如图 6-53 所示。

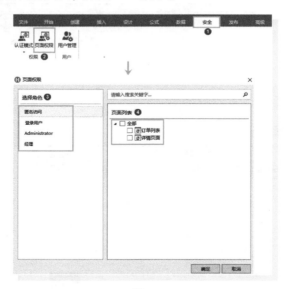

● 图 6-53

匿名访问：无论用户是否登录，都可以访问页面。

登录用户：只有登录用户，才能访问页面。

注意：如果页面可以被匿名访问，则无论该页面是否为"仅登录用户可以访问"，登录后用户都可以访问该页面。

用户角色：指定的角色才能访问页面。

　　注意：如果希望只有特定角色的用户才可以访问页面，则需要在"匿名访问"和"仅登录用户可以访问"里取消勾选该页面，再到指定的用户角色中勾选页面。

　　如果"匿名访问"或者"仅登录用户可以访问"已经被勾选，则无须再给指定角色勾选，所有用户角色都可以访问该页面。

　　下面通过一个例子来帮助理解。

　　设置页面权限为经理角色的用户可以访问订单列表页面，如图 **6-54** 所示。

● 图 6-54

用户小李的角色为经理，当小李登录后，会进入订单列表页面，如图 **6-55** 所示。

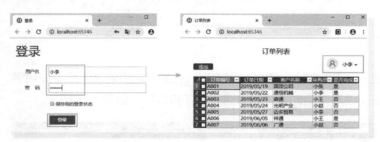

● 图 6-55

用户小王没有设置角色，当小王登录后，会显示"页面未授权"，如图 **6-56** 所示。

● 图 6-56

② 在管理控制台设置页面权限

将应用发布后，可在管理控制台直接设置页面的权限，无须重启应用或服务即可更新页面权限。在功能区菜单栏中，选择"发布"中的"服务器"，弹出"发布设置"对话框，设置完成后，勾选"覆盖服务器端的页面和单元格权限"，如图 6-57 所示。

● 图 6-57

发布后，进入管理控制台。选择应用管理，在所有应用列表中单击应用名，进入应用设置界面。单击"页面权限"后即为设置界面，选择角色后，如图 6-58 所示。

● 图 6-58

▶▶ 6.3.2 单元格权限

除了数据权限和页面权限，活字格还提供了针对单元格的权限设置，包括可用性权限、可见性权限，以及可编辑权限。

选择一个设置了单元格类型的单元格，在设计器界面右侧的单元格设置中，单击"单元格权限"，就会弹出"单元格权限设置"对话框，如图 6-59 所示。

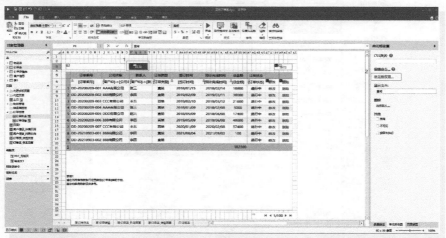

● 图 6-59

可用性权限：用户是否可以使用这个单元格。如单元格类型为按钮的单元格，用户是否可以单击这个按钮并执行相应的命令；单元格类型为文本框的单元格，用户是否可以在文本框中输入字符。

可见性权限：用户是否可以看到这个单元格。

可编辑权限：用户是否可以编辑这个单元格。

和其他几种权限一样，单元格权限也是以角色来控制的。

在"单元格权限设置"对话框中，勾选可用性权限、可见性权限或可编辑权限下的"启用"，然后勾选授权权限的角色即可完成设置。

和页面权限类似，单元格权限也支持发布后，在管理控制台中进行设置。

在功能区菜单栏中，选择"发布"中的"服务器"，弹出"发布设置"对话框，设置完成后，勾选"覆盖服务器端的页面和单元格权限"，这样便可以将设计器中配置的单元格权限同步到服务器端，如图 6-60 所示。

进入管理控制台。选择应用管理，在所有应用列表中单击应用名，进入应用设置界面。

单击"单元格权限"，可以看到所有设置了单元格权限的单元格及所属页面，在此处可直接更改单元格权限设置，如图6-61所示。

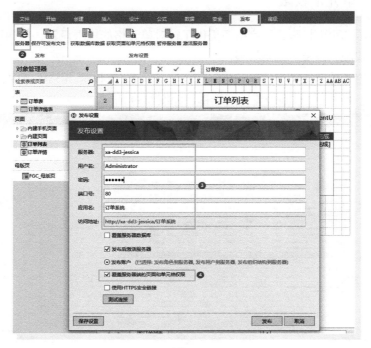

● 图 6-60

● 图 6-61

　　注意：支持设置单元格权限的单元格类型包括：文本框、多行文本框、复选框、组合复选框、单选按钮、组合框、数字、日期、时间、图片上传、附件、用户选择框。

最后通过一个例子帮助大家进一步深化理解。设置订单列表页面中的添加按钮的单元格权限，勾选可用性权限下的"启用"，然后勾选授予权限的角色为经理，如图 6-62 所示。然后勾选可见性权限下的"启用"，并勾选授予权限的角色为"登录用户"，如图 6-63 所示。

● 图 6-62

运行或发布应用，使用小李登录，小李是经理角色，小李可以看见并使用"添加"按钮，如图 6-64 所示。

使用小王登录，小王不是经理角色，小王可以看见但不能使用"添加"按钮，如图 6-5 所示。

● 图 6-63

● 图 6-64

● 图 6-65

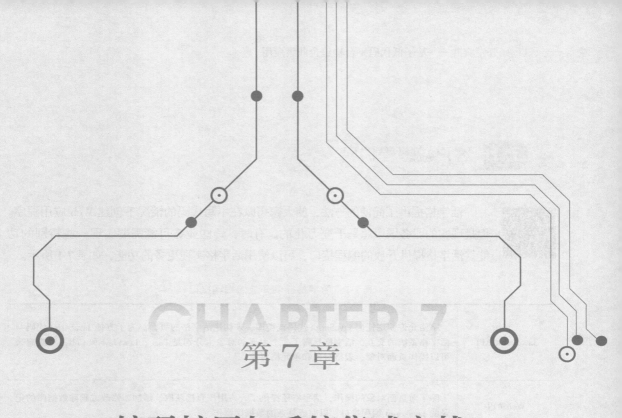

第 7 章

编码扩展与系统集成实战

7.1　客户端编程扩展

活字格提供了简便的方法，使大家可以在不写代码的情况下创建 Web 应用程序。但是现实的业务场景总是千变万化的。有时，一些业务可能需要实现一些特别的功能。活字格提供开放的编程接口，可以使用活字格实现更多的功能，如表 7-1 所示。

表 7-1　活字格提供开放的编程接口

JavaScript API	字格允许使用任何 JavaScript 代码或类库，来构建活字格的页面。为了方便 JavaScript 代码与活字格系统的交互，活字格暴露了 3 个主要的对象，分别是 Page、ListView 和 Cell，对应起来可以操作页面对象、表格对象和单元格对象
Web API	除了对页面对象的操作，活字格还提供了允许用户直接获取、添加、修改或删除数据库的记录的 JavaScript 编程接口，以完成复杂的数据库操作

▶▶ 7.1.1　如何嵌入 HTML

在活字格页面中想要集成第三方的 HTML 页面，可直接使用活字格插件进行集成，当然也可以通过 JavaScript 代码，在页面加载时动态嵌入实现。本节仅介绍拆机嵌入的方式。

活字格提供了"HTML 自定义集成"插件，可以实现在活字格中嵌套自定义的 HTML 页面，用于自定义页面和活字格进行交互。

（1）选择一片区域，将其设置成"嵌入自定义 HTML 页面"类型的单元格，如图 7-1 所示。

（2）将前端页面复制到活字格的资源文件目录下，如图 7-2 所示。

（3）或者使用自定义页面的 URL 链接均可（不需要复制 HTML 页面），如图 7-3 所示。

（4）预览效果，如图 7-4 所示。

（5）想要在自定义的 HTML 页面中获取活字格页面的数据信息，需要修改自定义页面的 HTML 代码和 JS 代码，用于与活字格进行交互。

通过 Forguncy = window. parent. Forguncy；$ = window. parent. $；引用活字格对象和 jQuery 对象，其他 JS 操作可以参考活字格官方 API。示例代码如图 7-5 所示。

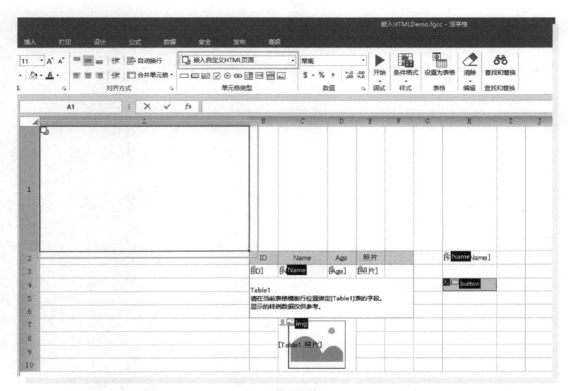

• 图 7-1

• 图 7-2

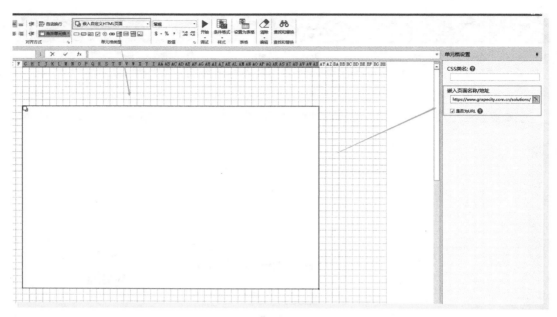

● 图 7-3

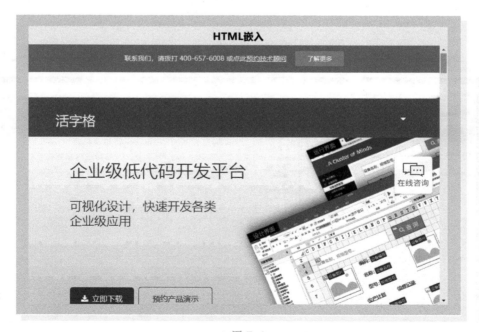

● 图 7-4

```
01.  <html>
02.      <head>
03.          <meta charset="utf-8">
04.          <script>
05.              function getCellValue(){
06.                  alert(Forguncy.Page.getCell("Name").getValue());
07.              }
08.              function getValueFromListView(){
09.                  var listView = Forguncy.Page.getListView("Table1");
10.                  var result = [];
11.                  for(var i = 0; i< listView.getRowCount();i++){
12.                      result.push(listView.getValue(i, "Name"));
13.                  }
14.                  alert(JSON.stringify(result));
15.              }
16.              function getValueByApi(){
17.                  forguncy.getTableDataByOData("Table1", function(data){
18.                      alert(JSON.stringify(data));
19.                  });
20.              }
21.              function executeCommand(){
22.                  $("[fgcname='button'] button").click();
23.              }
24.          </script>
25.      </head>
26.      <body>
27.          <H1>你好，我是活字格用的自定义页面。</H1>
28.          <input type="button" onclick="getCellValue()" value="获取隐藏区域单元格的值"/>
29.          <input type="button" onclick="getValueFromListView()" value="获取表格上的值"/>
30.          <input type="button" onclick="getValueByApi()" value="通过Api获取数据库的值"/>
31.          <input type="button" onclick="executeCommand()" value="执行单元格的命令"/>
32.          <script>
33.              Forguncy = window.parent.Forguncy;
34.              $ = window.parent.$;
35.          </script>
36.      </body>
37.  </html>
复制代码
```

● 图 7-5

（6）想要在活字格页面中获取自定义的 HTML 页面中的数据信息，同样需要使用 JS 代码，首先需要获取嵌入页面的 iframe 对象，可以使用活字格单元格名称进行获取，如图 7-6 所示。

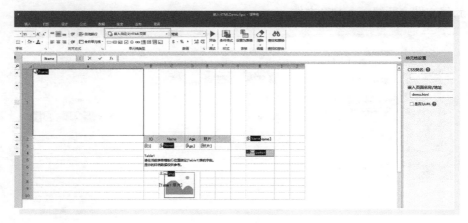

● 图 7-6

在自定义的 HTML 页面中，每个元素都有自己的 ID，可以通过 ID 去获取相应的对象，如图 7-7 所示。

```
01.    var iframe = document.getElementsByTagName('iframe')[0];//获取Iframe对象
02.    var obj = iframe.contentWindow//获取Iframe窗口内容
03.    alert(obj.document.getElementById("test1").value);//在Iframe中通过ID获取对应的元素

复制代码
```

● 图 7-7

▶▶ 7.1.2　如何嵌入 CSS，JavaScript

1 使用 CSS

CSS 指层叠样式表（Cascading Style Sheets），CSS 不仅可以静态地修饰网页，还可以配合各种脚本语言动态地对网页各元素进行格式化。

在活字格设计器中，可以为每个单元格设置 CSS 类名。通过使用所设置的类名，可以创建自己的样式表文件（.CSS 文件）并将其添加到应用程序中，以便在活字格中调整单元格的外观。

（1）注册 CSS 文件。

活字格为用户提供了一个全局位置设置 CSS 代码。可以指定一些全局的样式，统一整个网站的风格。

选择"文件"中的"设置"中的"自定义 JavaScript/CSS"，在"上传 CSS 文件"区域选择"添加链接""添加文件"或"新建文件"按钮，如图 7-8 所示。

- 添加链接：指定网络上的 CSS 文件。
- 添加文件：添加本地的 CSS 文件。
- 新建文件：新建一个 CSS 文件。

● 图 7-8

上传 CSS 文件后，可以单击文件名后的 ▬ ︿ ﹀ ◫ ⟨⟩，对 CSS 文件进行删除、上移、下移、重命名及编辑。

（2）设置 CSS 类名。

选择要为其设置 CSS 类名的单元格，单击"单元格设置"选项卡，在"CSS 类名"中输入要设置的名称，如图 7-9 所示。

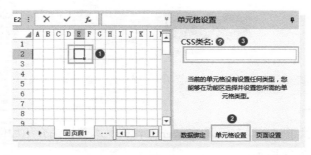

● 图 7-9

（3）应用 CSS。

在页面中选择一个单元格区域，设置其类名，如图 7-10 所示。

● 图 7-10

新建或者上传一个 CSS 文件。选择"文件"中的"设置"中的"自定义 JavaScript/CSS"，在"上传 CSS 文件"区域选择"添加链接""添加文件"或"新建文件"按钮。上传 style. css 文件，css 代码如图所示，其中 myCell 为类名，如图 7-11 所示。

● 图 7-11

运行页面，可以看到单元格的背景色为红色，字体颜色为黄色，如图 7-12 所示。

● 图 7-12

❷ 使用 JavaScript

活字格为用户提供了三个地方设置 JavaScript 代码。本节详细介绍如何在这三个地方设置
JavaScript 代码，如图 7-13 所示。

代码类型	设置位置	作用区域	用例
JavaScript	文件->设置->自定义JavaScript/CSS	整个应用程序	制定一些工具方法，给多个页面使用
JavaScript	页面设置	当前页面	当页面加载时，做一些初始化的UI逻辑
JavaScript	命令	当前命令	当单击命令时，弹出一个警告框

● 图 7-13

（1）注册应用程序级别的 JavaScript 文件。

有些 JavaScript 文件是多个页面甚至所有页面共享的，可以在活字格设计器的设置页面里
上传整个应用程序级别的 JavaScript 文件。可以上传本地的 JavaScript 文件，也可以通过 URL 地
址直接加载网上的 JavaScript 文件。

选择"文件"中的"设置"中的"自定义 JavaScript/CSS"，在"上传 JavaScript 文件"区
域选择"添加链接""添加文件"或"新建文件"按钮，如图 7-14 所示。

● 图 7-14

添加链接：指定网络上的 JavaScript 文件。单击"保存"按钮后，JavaScript 文件会以 URL 的形式显示，如图 7-15 所示。

● 图 7-15

添加文件：添加本地的 JavaScript 文件，如图 7-16 所示。

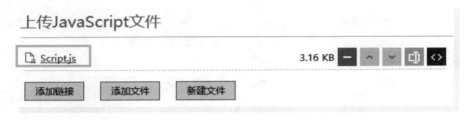

● 图 7-16

新建文件：新建一个 JavaScript 文件。

上传 JavaScript 文件后，可以单击文件名后的 ━ ⌃ ⌄ ⟮⟯ ⟨⟩，对 JavaScript 文件进行删除、上移、下移、重命名及编辑。

注册的应用程序级别的 JavaScript 文件中的方法，可以在活字格所有的页面中使用 JavaScript 命令调用执行。

（2）注册指定页面的 JavaScript 文件。

每个页面都可以注册自己的 JavaScript 文件，来处理本页面的特殊逻辑。

注意：如果文件中包含中文，请确认文件使用的是 Unicode 编码。活字格内置了 jQuery3.2.1 库，可以在脚本中直接使用 jQuery 功能。

选择要指定 JavaScript 文件的页面，在属性设置区中选择"页面设置"选项卡，单击"JavaScript 文件"区域的 ⧉，上传 JavaScript 文件。

上传完成后，可单击 ✕ 和 ⟨⟩ 对 JavaScript 进行删除和编辑操作，如图 7-17 所示。

页面级别的 JavaScript 文件，可以在当前页面中使用 JavaScript 命令调用执行。

（3）指定元素的自定义 JavaScript。

给单元格设置命令或是编辑页面加载时的命令，可以设置命令为"JavaScript 命令"，然后编辑 JavaScript 代码，即指定元素的自定义 JavaScript。

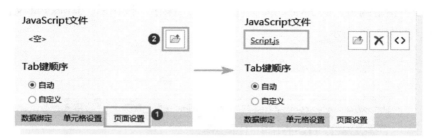

● 图 7-17

以单元格命令为例，在设计器的页面中，选择一个单元格区域，将其命名为"myCell"，如图 7-18 所示。

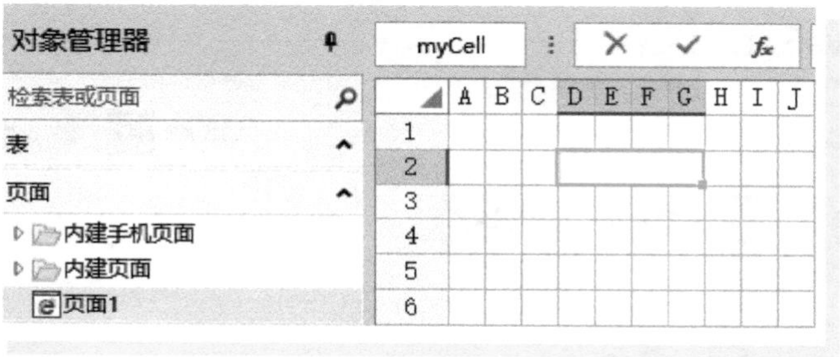

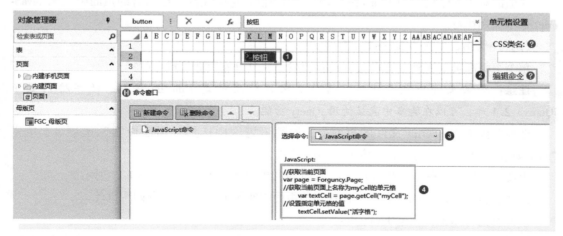

● 图 7-18

选择一个单元格区域，设置其单元格类型为按钮，编辑命令为"JavaScript 命令"，并输入 JavaScript 代码，通过 setValue 方法，设置指定的单元格（myCell）的值，如图 7-19 所示。

● 图 7-19

运行页面后，单击"按钮"后，就会设置指定单元格的值，如图 7-20 所示。

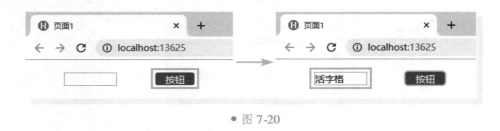

● 图 7-20

7.2 服务端编程扩展

除了客户端的编程接口之外，活字格针对一些定制化的需求，也开放了服务端的编程接口，可以使用服务端的编程接口，实现与其他第三方服务的服务端交互。

▶▶ 7.2.1 如何嵌入 C#代码

活字格底层的技术栈是 C#，服务端 Web API 是用 C#或 VB. Net 语言实现的，可以嵌入自己开发的 C#代码，运行在服务端。浏览器可以通过 HTTP 请求的方式调用服务端提供的 Web API。

创建服务端 API 需要使用支持 . Net Framework 4. 7. 2 的 Visual Studio。

① 创建服务端 Web API

（1）在 Visual Studio 中创建类库项目。设置项目的 Framework 框架为 . NET Framework 4. 7. 2，如图 7-21 所示。

（2）在解决方案资源管理器下，使用鼠标右键单击"引用"，选择"添加引用"命令，如图 7-22 所示。

（3）单击"浏览"按钮，在活字格的安装目录下找到"GrapeCity. Forguncy. ServerApi. dll"文件并将其添加为该工程的引用，如图 7-23 所示。

如果安装活字格服务端时，安装目录为默认目录，则此文件的路径为：

- Windows 系统为 32 位操作系统：C：\Program Files\ForguncyServer\Website\bin
- Windows 系统为 64 位操作系统：C：\Program Files（x86）\ForguncyServer\Website\bin

如果安装活字格服务端时，安装目录为自定义路径，则此文件的路径为"自定义路径\ForguncyServer\Website\bin"。

● 图 7-21

● 图 7-22

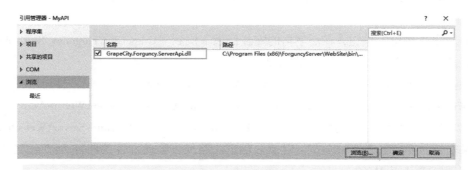

● 图 7-23

（4）在解决方案资源管理器中，选中"MyAPI"，单击鼠标右键，选择"管理 NuGet 程序包"命令，如图 7-24 所示。

● 图 7-24

在 NuGet 管理器中，搜索并安装"Microsoft. AspNetCore. Http. Abstractions"，如图 7-25 所示。

（5）创建一个 public class，使其从 GrapeCity. Forguncy. ServerApi 命名空间的 ForguncyApi 类继承。

● 图 7-25

在类里加入 public 方法。通过给方法增加 Get 或 Post 特性，可以把方法指定为通过 HTTP 协议调用的方法。

- 活字格服务端 API。

服务端 API 可以通过 ForguncyApi 类上的 DataAccess 属性来操作数据库。

- 获取 HTTP 请求信息。

当通过 HTTP 的 GET 或 POST 调用方法时，可以通过 ServerApi 的 Context 属性获取请求的详细信息。Context 属性是 Asp. net Core 的 HttpContext 类型，通过 Request 属性可以获取 HTTP 请求的全部信息。

- API 调用的 URL。

http：//域名或主机名/应用程序名/类名/方法名，例如：http：//computer1/活字格 app1/customapi/sampleapi/addsampledata。

在图 7-26 的 C#代码中，自定义 Web API 类 "MyAPI"，该类包含一个 post 方法 "TestPostAPI"。

```csharp
1   public class MyAPI : ForguncyApi
2   {
3       [Post]
4       public async Task TestPostAPI()
5       {
6           //获取post请求的数据
7           var form = await Context.Request.ReadFormAsync();
8           var name = form["name"][0];
9           var department = form["department"][0];
10          await this.Context.Response.WriteAsync(name + department);
11          //使用AddTableData方法向员工表中添加数据
12          this.DataAccess.AddTableData("员工表", new Dictionary<string, object> { { "姓名", name }, { "部门", department } });
13      }
14  }
```

● 图 7-26

如果要使用 WriteAsync 方法，请添加"using Microsoft. AspNetCore. Http；"。

在前端使用图 7-27 的 JavaScript 代码调用 TestPostAPI 方法。说明：post 方法的 URL 参数 "customapi/myapi/testpostapi" 中，myapi 为自定义的类名，testpostapi 为方法名。

```javascript
1   //获取当前页面
2   var page = Forguncy.Page;
3   //获取页面上的单元格
4   var cell1 = page.getCell("name");
5   var cell2 = page.getCell("department");
6   //获取单元格的值
7   var data = {
8       name: cell1.getValue(),
9       department: cell2.getValue()
10  };
11  //发送请求到服务器
12  Forguncy.Helper.post("customapi/myapi/testpostapi", data, function () {
13      alert("添加成功，请刷新页面。");
14  });
```

● 图 7-27

在 .cs 文件中输入代码，如图 7-28 所示。

• 图 7-28

在解决方案资源管理器中，使用鼠标右键解决方案，在右键菜单中选择"生成"命令，如图 7-29 所示。

• 图 7-29

在设计器中，选择"文件"中的"设置"中的"自定义 Web Api"，单击"上传 Web Api Assembly"，上传生成的 dll 文件，如图 7-30 所示。

• 图 7-30

在页面中，选择一个单元格区域，将其单元格类型设置为按钮，设置其命令为 JavaScript 命令，并输入 JavaScript 代码，如图 7-31 所示。

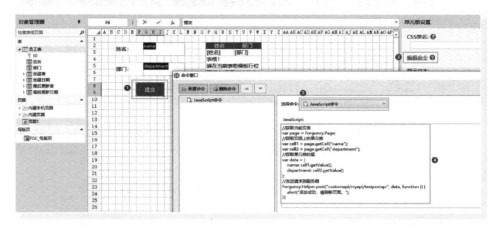

● 图 7-31

运行页面，单击"提交"按钮，就会弹出警告框，如图 7-32 所示。

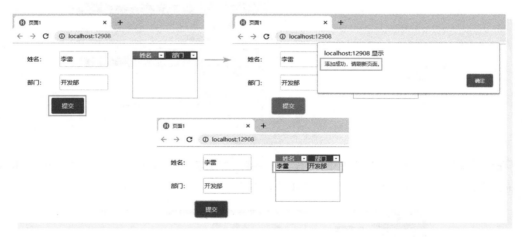

● 图 7-32

❷ 服务端自定义 Web API

（1）Get API。

它是一个可以通过 Get 请求访问的 Web API，当通过 HTTP 的 GET 调用方法时，可以通过 ServerApi 的 Context 属性获取请求的详细信息。

Context 属性是 Asp. net Core 的 HttpContext 类型，通过 Request 属性可以获取 HTTP 请求的全部信息。关键字为［Get］，如图 7-33 所示。

```
1   public class MyApi : ForguncyApi
2   {
3       [Get]
4       public void TestGetApi()
5       {
6           //获取通过URL传递的参数
7           var name = this.Context.Request.Query["name"].FirstOrDefault();
8           var age = this.Context.Request.Query["age"].FirstOrDefault();
9
10          //向表1中添加数据
11          this.DataAccess.AddTableData("表1", new Dictionary<string, object> { { "姓名", name }, { "年龄", age } });
12      }
13  }
```

• 图 7-33

HTTP 的 Get 请求可以通过在浏览器中输入 URL 地址直接发出。参数通过 URL 中问号（?）后边的部分传递。

通过 Context. Request. Query 属性，可以获取 URL 中的参数。

（2）Post API。

它是一个可以通过 Post 请求访问的 Web API，当通过 HTTP 的 Post 调用方法时，可以通过 ServerApi 的 Context 属性获取请求的详细信息。

Context 属性是 Asp. net Core 的 HttpContext 类型，通过 Request 属性可以获取 HTTP 请求的全部信息。HTTP 的 Post 请求不能通过浏览器的地址栏直接访问，可以通过提交表单（Form）或者 Ajax 请求的方式来访问。关键字为［Post］，如图 **7-34** 所示。

```
1   public class MyAPI : ForguncyApi
2   {
3       [Post]
4       public async Task TestPostAPI()
5       {
6           //获取post请求的数据
7           var form = await this.Context.Request.ReadFormAsync();
8           var name = form["name"].FirstOrDefault();
9           var department = form["department"].FirstOrDefault();
10          string result = name + department;
11          await this.Context.Response.WriteAsync(result);
12          //使用AddTableData方法向员工表中添加数据
13          this.DataAccess.AddTableData("员工表", new Dictionary<string, object> { { "姓名", name }, { "部门", department } });
14      }
15  }
```

• 图 7-34

在页面中创建两个文本框，分别命名为"name"和"department"。选择一个单元格区域，将其单元格类型设置为按钮，设置其命令为 JavaScript 命令，并输入 JavaScript 代码，如图 7-35 所示。

（3）Schedule API。

它是一个在服务器端定时执行的方法。Schedule API 可以接受两个参数，分别是开始时间和每次执行的时间间隔，如果没有指定开始时间，表示服务器启动时立即开始。关键字为

［ScheduleApi］，如图 7-36 所示。

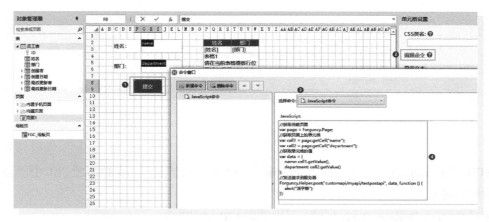

● 图 7-35

```
1    public class SampleApi : ForguncyApi
2    {
3        [ScheduleApi("0:0:20")]
4        public void SendMail()
5        {
6            //收件人的电子邮件地址
7            var to = "example1@example.com";
8            //通过SendEmail方法，给指定地址发送指定内容的电子邮件
9            var errorMessage = this.EmailSender.SendEmail("examplefrom@example.com", to, "库存不足警告", "<h1>库存数量不足</h1><p>库存数量不足，请及时增加库存。</p>");
10           if (string.IsNullOrEmpty(errorMessage))
11           {
12               // 成功
13           }
14           else
15           {
16               // 失败
17           }
18       }
19   }
```

● 图 7-36

定时 Web API 在应用发布的时候会默认执行一次，后续会按照代码中设置的开始时间和时间间隔执行相应的代码。

▶▶ 7.2.2 如何对接 Java 程序

由于活字格底层的技术栈是 C#，在活字格中是无法直接运行 Java 代码的。如果想要在活字格中对接 Java 程序，可以通过两种方式进行实现。说明：两种方式均需要 Java 提供自己的服务和对外暴露的接口。

❶ 代码调用 Java 服务

可以在活字格中开发自定义的 Web API，在 C#代码中按照 Java 服务的接口要求，从后端进行接口调用。

如果不存在跨域问题，也可以使用前端 Ajax 请求的方式进行 Java 服务的接口调用。

2 命令插件

活字格提供了前后端发送 HTTP 请求命令的插件，如果 Java 的服务接口是标准的 HTTP 请求接口，可以使用该命令完成。

跟其他软件集成的时候，它们一般给的文档都是这样的，如图 7-37 所示。

common/get_city

获取城市列表

URL

https://api.weibo.com/2/common/get_city.json

支持格式

JSON

HTTP请求方式

GET

是否需要登录

否
关于登录授权，参见 如何登录授权

访问授权限制

访问级别：**普通接口**
频次限制：**是**
关于频次限制，参见 接口访问权限说明

请求参数

	必选	类型及范围	说明
access_token	true	string	采用OAuth授权方式为必填参数，OAuth授权后获得。
province	true	string	省份的省份代码。
capital	false	string	城市的首字母，a-z，可为空代表返回全部，默认为全部。
language	false	string	返回的语言版本，zh-cn：简体中文、zh-tw：繁体中文、english：英文，默认为zh-cn。

注意事项

无

调用样例及调试工具

API测试工具

返回结果

JSON示例

```
[
    {
        "001011001": "东城"
    },
    ...
]
```

关于错误返回值与错误代码，参见 错误代码说明

返回字段说明

● 图 7-37

发送 HTTP 请求命令，可以通过填写请求地址，解构请求 JSON 的方式，快速调用第三方的 Java 程序服务接口，如图 7-38 所示。

a) 填写请求地址

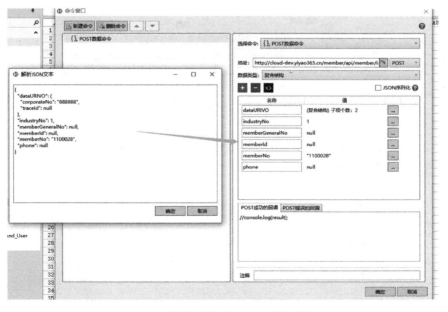

b) 快速调用第三方的Java程序服务接口

● 图 7-38

7.3　与微信对接

活字格支持与微信集成，包括集成企业微信和微信公众平台。

企业微信：通过企业微信安全提供程序，活字格会从微信端获取和缓存用户信息。

微信公众平台：配置了微信公众平台安全提供程序的网站只能在微信中打开，并且可以决定用户创建方式。在微信中打开后，会以 OpenID 作为用户名或由用户自定义用户名或密码，并将用户添加到活字格的内建用户中。

▶▶ 7.3.1　对接微信公众号

微信公众平台安全提供程序，支持微信单点登录。

本节会详细地介绍如何将活字格与微信公众平台集成，以及在微信中访问活字格应用的操作。

将应用发布到服务器上，如图 7-39 所示。

发布设置	
服务器:	117.78.3.113
用户名:	administrator
密码:	●●●●●●
端口号:	80
应用名:	new-library
访问地址:	http://117.78.3.113/new-library

☐ 覆盖服务器数据库

☑ 发布后激活服务器

◉ 发布账户（已选择：发布角色到服务器，发布用户到服务器，发布组织结构到服务器）

☐ 使用HTTPS安全链接

测试连接

保存设置　　　　　　　　　　　　　发布　取消

● 图 7-39

（1）在服务器所在的云主机上安装 IIS（互联网信息服务）。Windows 10 系统可参见 https://jingyan. baidu. com/article/eb9f7b6d9e73d1869364e8d8. html，Windows 7 系统可参见 https://jingyan.

baidu. com/article/219f4bf723bcb2de442d38ed. html。安装完 IIS 后，检查网站是否处于启动状态，即管理网站区域的"启动"是否为灰色，如果不是，请单击"启动"以启动服务，如图 7-40 所示。

● 图 7-40

（2）登录微信公众平台，在微信公众平台的"设置-公众号设置-功能设置"中，单击"JS 接口安全域名"和"网页授权域名"后的设置，下载"MP_verify_xtDxsb5ZuNIwH0bu. txt"文件，如图 7-41 所示。

● 图 7-41

（3）将下载的 txt 文件保存到云主机网站的物理路径下，并确保该文件可以访问，如图 7-42 所示。

● 图 7-42

（4）在 JS 接口安全域名设置和网页授权域名设置中，填写域名并保存，如图 7-43 所示。

• 图 7-43

（5）下载活字格提供的安全提供程序"openWeixinSecurityProvider.zip"文件。在安装了服务管理器的云主机上，打开用户账户管理界面，在"第三方"区域，单击"上传"按钮，选择"openWeixinSecurityProvider.zip"文件，同步微信用户，上传完成后，可通过单击"再次上传"按钮重新上传，如图 7-44 所示。

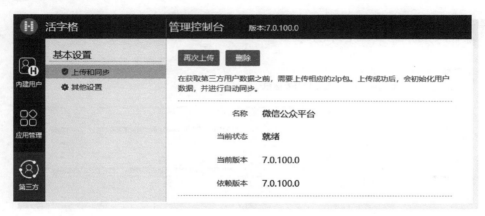

• 图 7-44

（6）上传完成后，需要进行用户创建方式的配置，如图 7-45 所示。

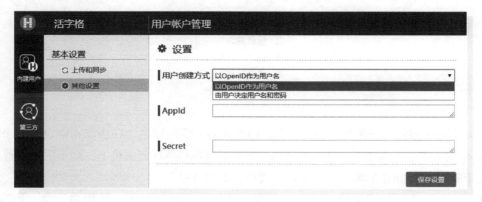

• 图 7-45

用户创建方式：以 OpenID 作为用户名并由用户自定义用户名和密码。

以 OpenID 作为用户名：默认为此种方式。

由用户自定义用户名和密码：选择此方式后，可以设置 OpenID 自定义属性，使用此自定义属性存储用户对应的 OpenID。

AppId：在微信公众平台中找到开发者 ID 并填入。

Secret：在微信公众平台中找到开发者密码并填入。

说明：登录微信公众平台，在"开发-基本配置"下找到"开发者 ID（AppID）"和"开发者密码（AppSecret）"，如图 7-46 所示。

● 图 7-46

（7）单击"保存设置"后，建议停止 IIS 服务，单击管理网站区域的"停止"即可，如图 7-47 所示。

● 图 7-47

（8）在活字格的管理控制台中，设置应用的域名。新的域名为在步骤 4 中设置的 JS 接口安全域名/应用名，并且需要设置反向代理。如果服务器搭建在云主机上，则不需要设置域名，跳过此步骤即可，如图 7-48 所示。设置完成后，重启应用。

（9）在微信中访问活字格应用时，会提示微信公众号获取用户的用户信息，如图 7-49 所示。

● 图 7-48

● 图 7-49

单击"允许"后，如果用户创建方式是以 OpenID 作为用户名，则会自动登录应用，并在用户管理平台中创建一个以 OpenID 为用户名的用户。如果用户创建方式为用户自定义用户名和密码，则会显示图 7-50 所示的界面。

● 图 7-50

当选择登录时，需要使用用户账户管理平台中已有的用户登录，登录后会将该用户与微信账号绑定。

当选择注册时，需要注册一个新用户，注册后自动登录。在用户管理平台中会新建一个用户，并将微信的 OpenID 存储在 OpenID 自定义属性 OpenID1 中。

▶▶ 7.3.2　对接企业微信

活字格可与企业微信集成，通过企业微信安全提供程序，活字格会从微信端获取和缓存用户信息。在企业微信中访问活字格应用时，就会跳转到该应用，并使用微信号自动登录。本节将详细介绍如何将活字格与企业微信集成，在企业微信中访问活字格的应用的操作。

（1）下载活字格提供的安全提供程序"qyWeixinSecurityProvider. zip"文件。

（2）上传安全提供程序包。在用户账户管理界面的"第三方"区域，单击"再次上传"，选择"qyWeixinSecurityProvider. zip"文件，如图 7-51 所示。

● 图 7-51

（3）上传完成后，首先需要进行图 7-52 所示的设置。

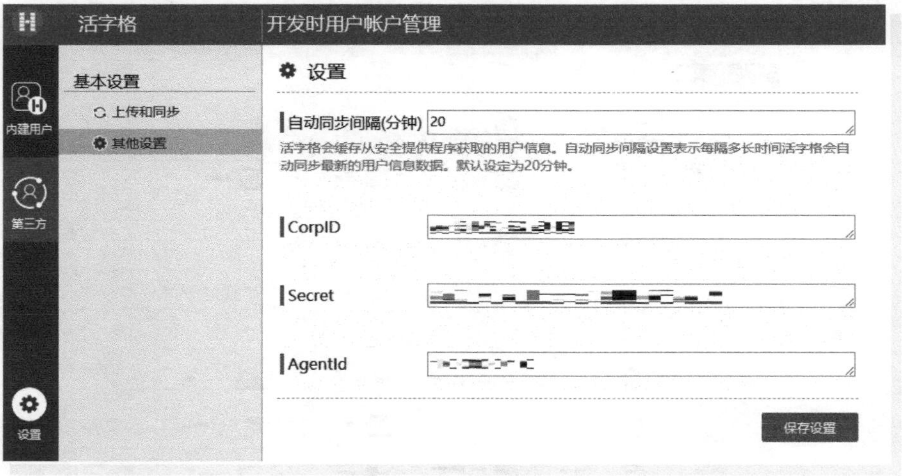

● 图 7-52

自动同步间隔（分钟）：活字格会缓存从安全提供程序获取的用户信息。自动同步间隔设置表示每隔多长时间，活字格会自动同步最新的用户信息数据，默认设定为 20min。

CorpID：登录企业微信号 https：//work. weixin. qq. com，在"我的企业"页面底端可找到企业 ID 即 CorpID，如图 7-53 所示。

Secret：在"应用与小程序-应用"标签下，创建一个新应用或选择一个已有的自建应用。进入应用后，可以找到 Secret。

● 图 7-53

AgentId：在"应用与小程序-应用"标签下，创建一个新应用或选择一个已有的自建应用。进入应用后，可以找到 **AgentId**，如图 7-54 所示。

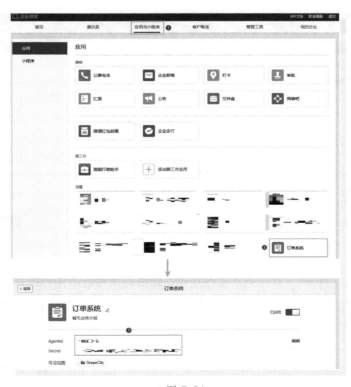

● 图 7-54

说明：应用的可见范围请添加组织架构的根节点，以确保能访问到所有的用户。

设置完成并保存后，活字格将会获取到企业微信中的用户信息并缓存到活字格，如图 7-55 所示。

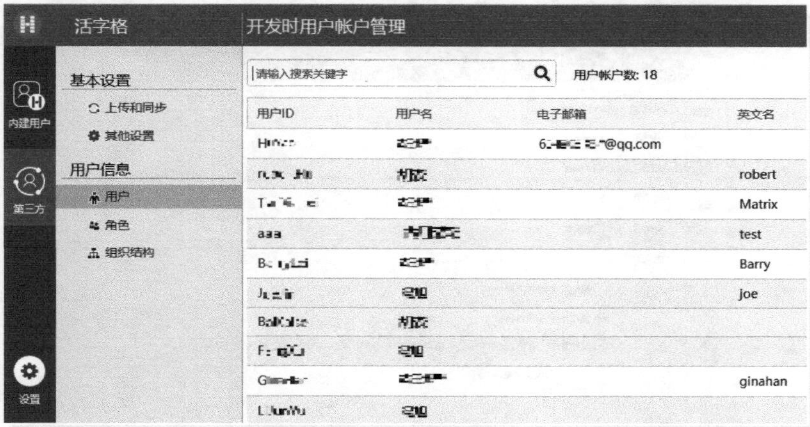

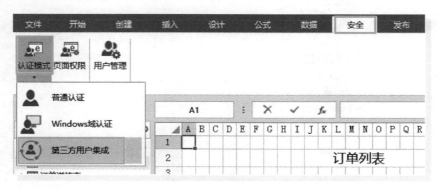

• 图 7-55

其中：

- 企业微信中的用户全部作为活字格用户列出。
- 企业微信中的标签为活字格中的角色。
- 企业微信中的组织架构为活字格中的组织架构。

（4）打开设计器，在功能区菜单栏中选择"安全-认证模式"，认证模式选择"第三方用户集成"，如图 7-56 所示。

• 图 7-56

（5）发布应用。在功能区菜单栏中选择"发布"中的"服务器"弹出"发布设置"对话框，设置完成后发布应用，如图 7-57 所示。

● 图 7-57

（6）发布后，设置应用的域名。打开活字格管理控制台，在"常规设置"的输入框中输入域名后，单击"保存设置"按钮，并重启应用，如图 7-58 所示。

● 图 7-58

（7）登录企业微信号 https：//work. weixin. qq. com，在"应用为小程序"页签，选择一个应用并启用该应用，如图 7-59 所示。

● 图 7-59

（8）设置工作台应用主页。单击工作台应用主页下的"设置应用主页"，设置地址为活字格发布的网站主页地址，即步骤 6 中设置的应用的域名，如图 7-60 所示。

● 图 7-60

（9）设置可信域名。在"网页授权及 JS-SDK"下单击"设置可信域名"，将活字格发布的网站地址设置为可信域名，如图 7-61 所示。

● 图 7-61

（10）单击"企业微信授权登录"下的"设置"，在"企业微信授权登录"页面单击"设置授权回调域"，设置根域名即活字格发布的网站地址为"授权回调域"，如图 7-62 所示。

● 图 7-62

以上均设置完成后，确认允许单击"登录"的用户的微信账号在活字格的用户账户管理平台中已存在。

在企业微信中访问活字格应用时，就会跳转到该应用，并使用微信号自动登录，如图7-63所示。

● 图 7-63

7.4 与钉钉对接

活字格支持与钉钉集成，通过钉钉安全提供程序，活字格会从钉钉获取和缓存用户信息。在钉钉中访问活字格应用时，就会跳转到该应用，并使用钉钉账号自动登录。本节将详细介绍如何将活字格与钉钉集成，以及在钉钉中访问活字格的应用操作。

（1）打开设计器，在功能区菜单栏中选择"安全"中的"认证模式"，认证模式选择"第三方用户集成"，如图7-64所示。

（2）发布应用。在功能区菜单栏中选择"发布"中的"服务器"，弹出"发布设置"对话框，设置完成后发布应用。

发布应用时，应用必须是英文名，如图7-65所示。

● 图 7-64

● 图 7-65

（3）发布后，设置应用的域名。

在管理控制台单击"应用管理-ordersystem"，进入应用设置页面，在"常规设置"中设置应用的域名，如图 **7-66** 所示。

保存设置后，重启应用。

• 图 7-66

（4）下载安全提供程序"DingTalkSecurityProvider. zip"文件，上传安全提供程序包。在服务管理平台的"第三方"区域，单击"再次上传"按钮，选择"DingTalkSecurityProvider. zip"文件，如图 7-67 所示。

• 图 7-67

（5）其他设置。上传完成后，首先需要进行如下设置，这些参数的值需要在钉钉开放平台中获取，如图 7-68 所示。

● 图 7-68

（6）单击 https：//open．dingtalk．com/，登录开发者后台。登录后，选择"应用开发"下的"H5 微应用"，并单击"创建应用"，如图 7-69 所示。

● 图 7-69

（7）填写基本信息后配置开发信息，所有带 * 的为必填项。

其中开发模式为开发应用；开发应用类型为微应用；应用首页链接为应用的域名；服务器出口为本机的 IP，如图 7-70 所示。填写完成后，单击"创建"按钮。

● 图 7-70

（8）创建完成后，在接口权限中，开启"高级权限-企业通讯录"下的所有权限，并根据实际业务需要选择权限范围为"全部员工"或"部分员工"，如图 7-71 所示。

● 图 7-71

（9）在应用发布中发布应用。单击"确认发布"按钮，如图 7-72 所示。

● 图 7-72

（10）发布后，可以设置应用的可使用范围，如图7-73 所示。

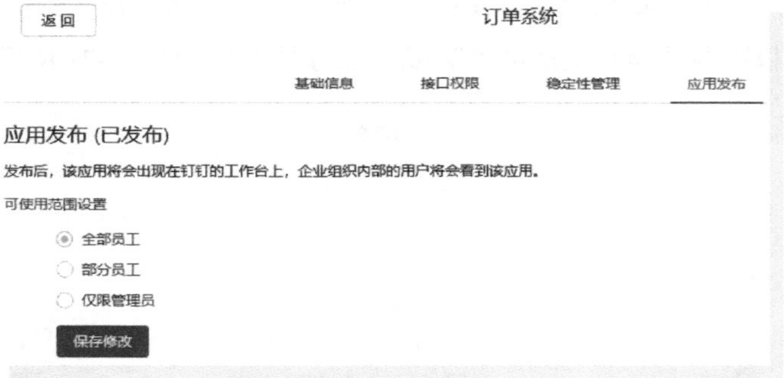

● 图 7-73

（11）在基础信息中，单击"应用信息"后的"查看详情"，将 Appkey 复制粘贴到服务管理平台的 Appkey 中；将 AppSecret 复制粘贴到 Secret 中，如图7-74 所示。

● 图 7-74

（12）在钉钉开放平台，选择"应用开发"下的"登录"，并单击"创建扫码登录应用授权"按钮，如图 7-75 所示。

● 图 7-75

弹出"创建扫码登录应用授权"对话框，输入名称、描述、授权 LOGO 地址和回调域名，如图 7-76 所示。其中，回调域名为应用的域名。

● 图 7-76

创建完成后，可以在扫码登录的列表中看到刚才创建的扫码登录应用授权，获取 appId 和 appSecret 并粘贴到服务管理平台中，如图 7-77 所示。

● 图 7-77

（13）至此，其他设置中的 Appkey、Secret、AppId 和 AppSecret 已全部填写完成，单击"保存设置"按钮，如图 7-78 所示。

● 图 7-78

保存设置后，就会获取到钉钉的用户信息，包括用户、角色和组织结构，如图 7-79 所示。

● 图 7-79

（14）打开钉钉手机客户端，在工作台下，点击微应用，如图7-80所示。

钉钉会请求授权钉钉个人数据，单击"确定授权"按钮，如图7-81所示。

授权后，就能进入活字格应用，登录用户为登录钉钉的用户名，如图7-82所示。

● 图 7-80　　　　　　　● 图 7-81　　　　　　　● 图 7-82

练习题：

创建一个产品列表页面，通过客户端 API 接口，动态控制产品列表中"零售单价"的显示和隐藏，如图 7-83 和图 7-84 所示。

● 图 7-83

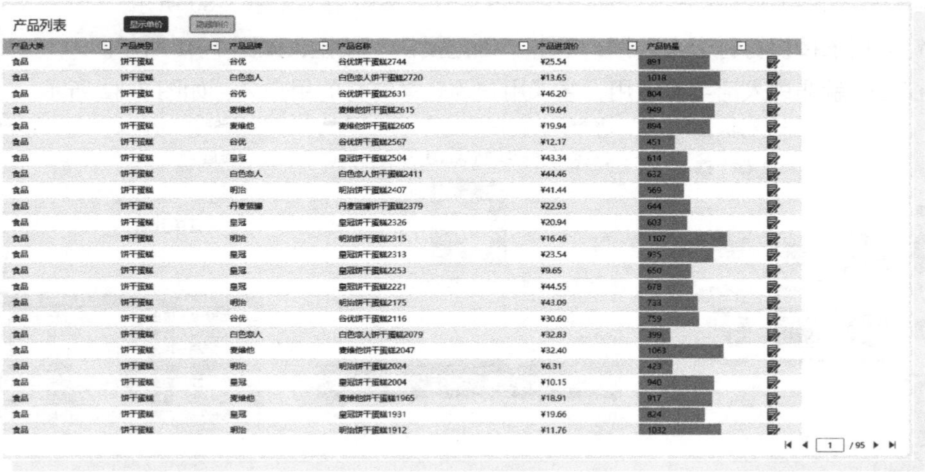

产品大类	产品类别	产品品牌	产品名称	产品进货价	产品销量
食品	饼干蛋糕	谷优	谷优饼干蛋糕2744	¥25.54	891
食品	饼干蛋糕	白色恋人	白色恋人饼干蛋糕2720	¥13.65	1018
食品	饼干蛋糕	谷优	谷优饼干蛋糕2631	¥46.20	804
食品	饼干蛋糕	麦维他	麦维他饼干蛋糕2615	¥19.64	949
食品	饼干蛋糕	麦维他	麦维他饼干蛋糕2605	¥19.94	894
食品	饼干蛋糕	谷优	谷优饼干蛋糕2567	¥12.17	451
食品	饼干蛋糕	皇冠	皇冠饼干蛋糕2504	¥43.34	614
食品	饼干蛋糕	白色恋人	白色恋人饼干蛋糕2411	¥44.46	632
食品	饼干蛋糕	明治	明治饼干蛋糕2407	¥41.44	569
食品	饼干蛋糕	丹麦蓝罐	丹麦蓝罐饼干蛋糕2379	¥22.93	644
食品	饼干蛋糕	皇冠	皇冠饼干蛋糕2326	¥20.94	603
食品	饼干蛋糕	明治	明治饼干蛋糕2315	¥16.46	1107
食品	饼干蛋糕	皇冠	皇冠饼干蛋糕2313	¥23.54	935
食品	饼干蛋糕	皇冠	皇冠饼干蛋糕2253	¥9.65	650
食品	饼干蛋糕	皇冠	皇冠饼干蛋糕2221	¥44.55	678
食品	饼干蛋糕	明治	明治饼干蛋糕2175	¥43.09	733
食品	饼干蛋糕	谷优	谷优饼干蛋糕2116	¥30.60	759
食品	饼干蛋糕	白色恋人	白色恋人饼干蛋糕2079	¥32.83	399
食品	饼干蛋糕	麦维他	麦维他饼干蛋糕2047	¥32.40	1063
食品	饼干蛋糕	明治	明治饼干蛋糕2024	¥6.31	423
食品	饼干蛋糕	皇冠	皇冠饼干蛋糕2004	¥10.15	940
食品	饼干蛋糕	麦维他	麦维他饼干蛋糕1965	¥18.91	917
食品	饼干蛋糕	皇冠	皇冠饼干蛋糕1931	¥19.66	824
食品	饼干蛋糕	明治	明治饼干蛋糕1912	¥11.76	1032

● 图 7-84

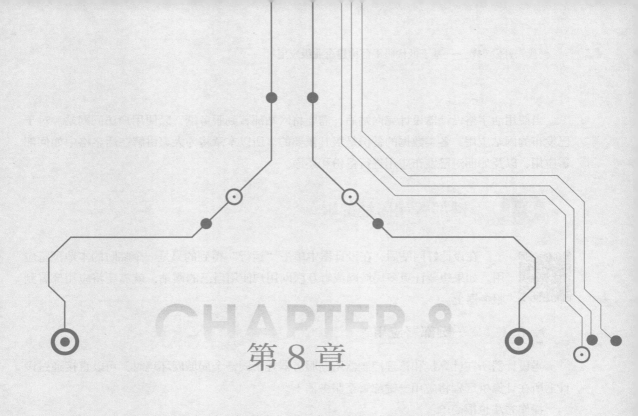

第 8 章

低代码应用的部署

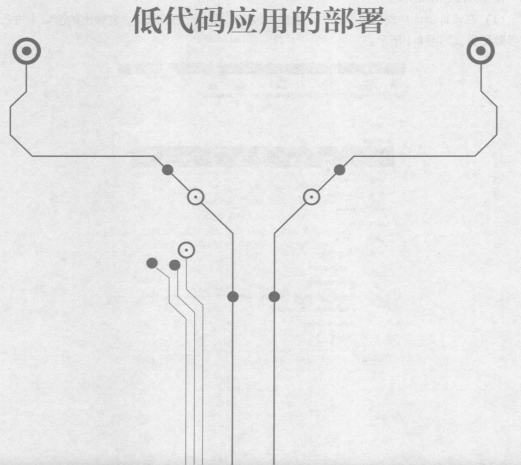

当使用活字格设计器设计完网站后，需要将网站部署到服务端，以便用户访问网站。对于已发布的网站应用，各类数据的备份是极其重要的。所以本章将为大家讲解在活字格中如何部署应用，以及如何对已发布应用进行备份和还原。

8.1 一键部署和离线部署

在设计好网站后，在设计器中单击"运行"得到的只是一个临时的本地预览应用。如果想要让更多局域网或者互联网用户使用自己的网站，就需要将应用部署到服务器上。

▶▶ 8.1.1 一键部署应用

当设计器所在计算机和管理控制器所在服务器处于同一个局域网环境时，可以直接通过设计器所在计算机远程将应用一键部署至服务器上。

操作方法也很简单：

（1）在设计器的功能区菜单栏中，选择"发布"中的"服务器"，在弹出的窗口中进行发布参数配置，如图 8-1 所示。

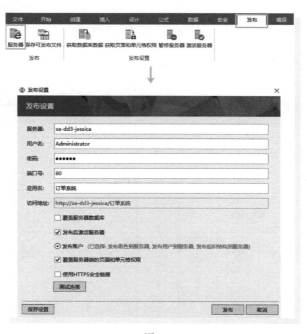

• 图 8-1

从图中可以看到在发布设置窗口中，有若干项参数需要配置，关于各项参数的具体说明见表 8-1。

表 8-1 各项参数的具体说明

设　置	说　明
服务器	安装有活字格服务端的计算机名、IP 地址或服务器绑定的域名
用户名	指定活字格服务端的用户名，可以使用 Administrator。Administrator 拥有所有权限 如果用户想发布一个应用程序，该用户必须有拥有"其他-发布到服务器"权限。权限设置详见第 6 章
密码	用户的密码。Administrator 用户的默认密码是 123456
端口号	HTTP 默认为 80，HTTPS 默认为 443，可修改
应用名	网站的名称
访问地址	网站的网址
覆盖服务器数据库	发布网站时是否将设计器的数据库覆盖服务器的数据库，可选择全覆盖和半覆盖 全覆盖：用设计器的表结构和数据完全覆盖服务器端 半覆盖：用设计器的表结构覆盖服务器表结构，保留服务端数据 关于覆盖与半覆盖的概念非常重要，将在 8.1.3 小节中详细讲解 **注意**：此选项只对活字格内建表有效。对外连数据库，如 SQL Server、Oracle 数据库等不起作用
发布后激活服务器	有时会先暂停服务器，再进行发布操作。如果勾选此项后，网站发布后即可使用
发布账户	设计器和服务端的用户管理是分开的，可选择将设计器用户管理中的角色、用户、组织结构发布到服务端的用户管理中
覆盖服务器端的页面和单元格权限	勾选后，会将在设计器中设置的页面和单元格权限发布到服务器上，将服务器端的页面和单元格权限覆盖掉
使用 HTTPS 安全链接	发布的网站为 HTTPS 网站，请确认有 HTTPS 证书再勾选此选项，以保证网站的正常运行

（2）设置完成后，单击"测试连接"，再单击"保存设置"将常用的设置保存，如图 8-2 所示。

（3）单击"发布"按钮即可将当前活字格应用程序发布到服务器上，发布准备期间将会出现一个进度条来告诉用户当前进度，如图 8-3 所示。

如果发布的应用在管理控制台中已存在，会弹出提示框，提示继续发布会覆盖旧的应用，并且显示出最后发布的时间及应用版本。可以选择继续发布或者取消发布，如图 8-4 所示。

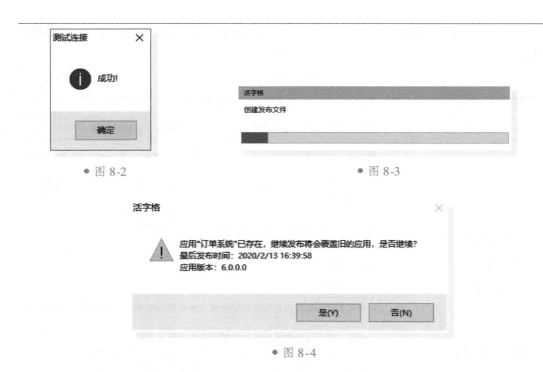

● 图 8-2　　　　　　　　　　　　　　　　● 图 8-3

● 图 8-4

▶▶ 8.1.2　离线部署应用

有时设计器无法通过网络直接连接到活字格管理控制台，此时可以选择离线发布的方式来部署应用。

（1）将创建的应用程序保存为可以在活字格服务端直接发布的文件格式（.fgccbs）。在设计器的功能区菜单栏中，选择"发布"中的"保存可发布文件"，将文件保存至本地，如图 8-5 所示。

● 图 8-5

（2）将保存的可发布文件（.fgccbs 文件）复制至活字格管理控制台所在的计算机。

在活字格管理控制台的安装路径下，找到"**OfflinePublishTool. exe**"，双击可直接打开发布设置窗口，无须安装，如图 8-6 所示。

• 图 8-6

　　其中，在"文件路径"中选择之前保存的离线发布文件。其他参数的配置方式同一键部署的参数配置方式类似。

　　另外，活字格支持为离线发布包设置密码，当发布者没有发布包密码时，发布后的应用仅能使用三天。通过这种方式可以用来发布试用版的网站。

　　为离线发布包添加密码的方式也很简单，选择"文件"中的"设置"中的"应用程序设置"，在"其他"区域，设置离线发布包的密码，如图 8-7 所示。

• 图 8-7

设置有密码的离线发布包，在活字格服务器进行离线发布时，服务器会要求发布者提供对应的密码，如图 8-8 所示。

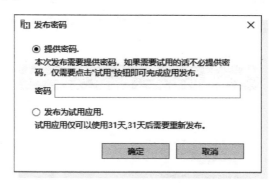

● 图 8-8

▶▶ 8.1.3 服务端数据库和附件配置

前面两个小节介绍了如何将研发好的应用发布到服务器上。在发布的时候会让用户选择是否覆盖数据库发布，是半覆盖还是全覆盖。具体应该如何选择，下面一起来看一看。

首先要明确一个问题，是否覆盖数据库的设置，只对活字格内建表有效。对外连数据库，如 SQL Server、Oracle 数据库等不起作用。

当使用内置数据库时，设计器中和服务器端存储数据的地方是两个独立的数据库，可以简单地理解设计器是测试数据库，保存的是一些测试数据，而发布后的是正式数据库，保存的是非常重要的正式数据。

在发布的时候，如果应用的数据结构有变更，需要选择是否覆盖服务器端数据库。当选择需要覆盖数据库发布时，会显示半覆盖和全覆盖两个选项，如图 8-9 所示。

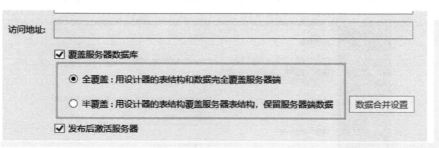

● 图 8-9

如果选择全覆盖，则会使用设计器中的表结构，以及数据完全覆盖服务器端的数据库。简单理解就是，不做任何对比，直接将服务器数据库完整删除，然后把设计器端的数据库复制一份放在服务器端供使用。

可以看出来这种操作在数据库中有大量正式数据时是比较危险的，所以全覆盖通常的使用方式是，首先暂停服务器应用，在设计器中选择"发布"中的"获取数据库数据"，如图 8-10 所示。

● 图 8-10

这个操作可以将服务端的数据库结构和数据同步到本地，之后进行新建、更改或删除数据表等影响数据库结构的操作。等应用的所有更新内容全部完成后，选择全覆盖发布应用即可完成更新。

再来说说半覆盖发布，当不希望暂停已经正式投入使用的应用，想通过软发布的方式"无声无息"地将新版本的应用部署到服务器上，那么就可以选择半覆盖发布。

在选择半覆盖发布后，需要额外配置一些数据合并相关的参数，如图 8-11 所示。

● 图 8-11

在"数据合并设置"对话框顶部有两个选项：所有项和待处理项。每一项都分为左右两个区域。左侧是设计器中的数据库模式，右侧是服务器数据库模式。

对话框打开时，会自动匹配同名的表和列，也可在右侧组合框中选择一个表或列来匹配映射信息。如果没有对应的表或列项，项目区域的背景会变成红色，提醒用户处理，如图 8-12 所示。

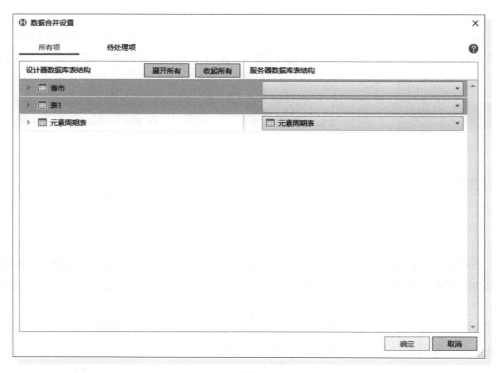

● 图 8-12

如果未解决的项是设计好的新表或列，可以选择"新建"或"新建并保留设计器数据"。

新建：不保留设计器数据。

新建并保留设计器数据：仅在数据表项目中使用，并且保留设计器数据。

如果选择数据表项目上的"新建"或"新建并保留设计器数据"，下面的列将自动设置为"新建"。如果设计器数据表列和服务器数据表列的数据类型不同，会提示：数据类型不匹配，可能会导致数据丢失。请您根据实际业务情况进行修改。

当所有的项目都已经正确设置完成后，单击"确定"按钮，映射信息将保存在"发布设置"对话框中。

如果不关闭"发布设置"对话框，并再次单击"数据合并设置"，上一次保存的设置将被自动加载。关闭"发布设置"对话框或更改发布应用程序名称，保存的映射信息将被清除，需重新设置。

设置完映射信息后，单击"发布设置"对话框上的"发布"按钮来执行发布过程。设计器就会将映射信息发送到服务器，服务器将复制服务器数据库，以执行迁移过程。

8.2 应用和数据的备份与还原

当应用系统正式投入使用后，定时备份是非常重要的。天灾、计算机病毒、电源故障乃至工作人员的操作失误，都会一定程度上影响系统的正常运作，甚至造成整个应用系统瘫痪。应用备份的意义就在于，当这些意外发生后，通过备份将应用系统的数据信息快速、可靠、准确地恢复原貌，尽可能将损失降到最小。

▶▶ 8.2.1 手动备份和自动备份

在活字格的服务端，可对应用和用户信息进行备份与还原，备份包括手动备份和自动定时备份两种方式。

❶ 手动备份

进入管理控制台，单击"应用管理"菜单，在所有应用列表中单击需要备份的应用，进入该网站的常规设置页面，如图 8-13 所示。

● 图 8-13

在备份与还原区域，单击"备份"按钮即可备份。

手动备份应用时，备份文件的默认文件名是应用名与日期的组合，扩展名为".fdbak"，如"订单系统 20211111221535.fdbak"。

除了对应用的备份，还需要对用户账户信息进行备份。

进入管理控制台，依次选择"内建用户"中的"设置"中的"备份与还原"，进入用户账户信息的备份与还原界面，如图 8-14 所示。

• 图 8-14

备份好的用户信息文件，后缀为.fubak。默认下载到 Web 浏览器的目录下，文件名为"usersBackup-当前日期.fubak"，如"usersBackup-20211111221535.fubak"。

❷ 自动备份

在活字格服务端，除了手动备份应用和用户信息外，还可以设置定时自动备份应用和用户信息，并且可将备份后的应用及用户进行还原。

进入管理控制台，单击"设置"菜单，选择"定时备份"，在打开的界面中即可开启自动定时备份，并设置备份的文件夹、时间、间隔及最大备份数，如图 8-15 所示。

• 图 8-15

单击"保存设置"按钮后，系统便会按照设置的时间及间隔天数对所有应用，以及用户进行备份。

打开定时备份中设置的备份文件夹，可以看到备份的文件，包括以应用名命名的文件夹及备份的用户信息，文件名为"usersBackup-2021-07-07. fubak"的文件为用户信息的备份文件，如图 8-16 所示。

名称	修改日期	类型	大小
ordersystem	2019/11/4 13:31	文件夹	
订单系统	2019/11/4 13:32	文件夹	
图书借阅系统	2019/11/4 13:32	文件夹	
员工信息管理系统	2019/11/4 13:31	文件夹	
usersBackup-2019-10-12.fubak	2019/10/12 15:57	FUBAK 文件	9 KB
usersBackup-2019-10-14.fubak	2019/10/14 14:00	FUBAK 文件	11 KB
usersBackup-2019-10-15.fubak	2019/10/15 0:00	FUBAK 文件	11 KB
usersBackup-2019-10-16.fubak	2019/10/16 0:00	FUBAK 文件	8 KB
usersBackup-2019-10-17.fubak	2019/10/17 0:00	FUBAK 文件	8 KB
usersBackup-2019-10-18.fubak	2019/10/18 0:00	FUBAK 文件	8 KB
usersBackup-2019-11-04.fubak	2019/11/4 13:31	FUBAK 文件	8 KB

本地磁盘 (C:) › 用户 › 公用 › 公用文档 › ForguncyServerBackup ›

● 图 8-16

打开应用文件夹后，可看到备份的工程文件，后缀为 fdbak，如图 8-17 所示。

本地磁盘 (C:) › 用户 › 公用 › 公用文档 › ForguncyServerBackup › 订单系统

名称	修改日期	类型	大小
19-10-14-14-00-52.fdbak	2019/10/14 14:00	FDBAK 文件	61 KB
19-10-15-00-00-45.fdbak	2019/10/15 0:00	FDBAK 文件	61 KB
19-10-16-00-01-02.fdbak	2019/10/16 0:01	FDBAK 文件	61 KB
19-10-17-00-01-07.fdbak	2019/10/17 0:01	FDBAK 文件	61 KB
19-10-18-00-01-01.fdbak	2019/10/18 0:01	FDBAK 文件	61 KB
19-11-04-08-56-07.fdbak	2019/11/4 8:56	FDBAK 文件	61 KB
19-11-04-13-32-00.fdbak	2019/11/4 13:32	FDBAK 文件	61 KB

● 图 8-17

▶▶ 8.2.2 还原应用

如果需要恢复已损坏的系统，就需要将备份好的文件进行还原。还原功能包括应用系统的还原，以及用户信息的还原，下面将依次为大家介绍。

❶ 应用还原

进入管理控制台，单击"应用管理"菜单，在所有应用列表中，单击需要还原的网站，进入应用的常规设置页面。

在备份与还原区域，单击"还原"按钮，选择要还原的文件即可，如图 8-18 所示。

● 图 8-18

② 用户信息还原

进入管理控制台，依次选择"内建用户"中的"设置"中的"备份与还原"，进入用户账户信息的备份与还原界面。在还原区域，单击"还原"按钮，选择要还原的文件，如图 **8-19** 所示。

● 图 8-19